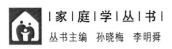
丛书主编 孙晓梅 李明舜

家庭服务理论与实务

郝彩虹 著

Family Studies

武汉大学出版社

图书在版编目(CIP)数据

家庭服务理论与实务/郝彩虹著.—武汉：武汉大学出版社，2020.12
(2022.10 重印)
家庭学丛书/孙晓梅,李明舜主编
ISBN 978-7-307-21884-0

Ⅰ.家… Ⅱ.郝… Ⅲ.家政服务—研究 Ⅳ.TS976.7

中国版本图书馆 CIP 数据核字(2020)第 214282 号

责任编辑：田红恩　　　责任校对：李孟潇　　　版式设计：马　佳

出版发行：武汉大学出版社　　(430072　武昌　珞珈山)
（电子邮箱：cbs22@whu.edu.cn　网址：www.wdp.com.cn）
印刷：武汉邮科印务有限公司
开本：720×1000　1/16　印张：11.75　字数：205 千字　插页：1
版次：2020 年 12 月第 1 版　　2022 年 10 月第 2 次印刷
ISBN 978-7-307-21884-0　　定价：45.00 元

版权所有，不得翻印；凡购我社的图书，如有质量问题，请与当地图书销售部门联系调换。

序

　　家庭学科是研究以家庭为中心的生活方式及其表现形式的交叉学科，融合了家庭育儿、衣食住行、家庭关系和生活技术在内的综合知识，目的是提高国民的家庭生活质量，为家庭全体成员提供科学的生活指引。

　　家庭学科的教学已有四百多年的历史了。近代家政学起源于美国，在美国城市化、工业化以及大量移民涌入的背景下，受过高等教育的专家开始将目光转向家庭生活领域。日本二战后在大学设立家政学或生活科学系，规定从小学到大学的男女生都必须学习家庭学科，开设家庭管理、房屋布置、家庭关系、婚姻教育、家庭卫生、婴儿教育、食物营养、园艺、家庭工艺、饲养等课程。1923年美国在中国燕京大学设立了家政系，强调家事教育是高等教育中一部分。1940年金陵女子大学家政教育专业成立，注重家庭管理与家庭经济，注重食物营养与卫生。1949年以后中国的家政学消失，改革开放开始恢复。目前我国有关家庭学科研究的成果主要体现在家庭教育和家庭服务领域。

　　家庭学科的特点：典型的交叉学科，围绕着家庭生活质量的提高，将多种学科知识聚焦于家庭这个领域，跨学科的视角有助于带动新知识的发现和推广应用。从多个相关学科汲取知识，如教育学、心理学、社会学、营养学、经济学、医学、金融学、工学、艺术、文学等，分析夫妻的生活与健康、老年人的身心发展特点、儿童的保育方法与安全事项、家庭的权利与福利保护；探讨当前家庭面临的问题，如推迟结婚、生育率下降、离婚率提高、儿童受虐待、独生子女、留守儿童、妇幼保健、失独家庭和家庭暴力等，形成以家庭为中心的多学科交叉知识体系。这种知识建构方式带来的是原有知识融合和新知识生成，而非简单的知识罗列，这也是家庭学科存在的独特价值。建设我国的家庭学科，提高家庭学科的社会认知程度。

　　相对于许多西方国家我国家庭学科教育起步晚，出版《家庭学丛书》可建立一个比较完整的家庭学科体系，弥补我国在家庭生活理念、思维方式与科学知识传递的缺位状态。为了中国家庭学科的建设与发展，2013年中华女子学院成立了"中国高校家庭学科的建立与发展研究"重点课题组，以家庭学科课程建设研究为重点，探索各种课程体系。2014年组建了全校范围内跨学科的科研团队，老师的学术背景涵盖女性学、学前教育、金融、法律、社会工作、音乐、服装、传播学、艺术、体育和建筑等领域，全校各教学领域的老师以性别发展模块博雅课程的方式向学生们讲授家庭学科的知识。2015年成立中华女子学院家庭学科研究中心，围绕"中国家庭学科的建立与发展"课题，举办了首届中国家庭学科研讨会；撰写中国家庭教育专业简明教程、大纲和教案、课程进度表等。2017年召开了第二届家庭学科研讨会，联合全国各大学研究家庭学科的专家和教师，对家庭学科的主要内容进行了科学分析，开始准备出版《家庭学丛书》。2017年中华女子学院家庭学科研究中心启动北京市社会科学基金的"基于国民家庭生活指导的家庭学科建设研究"项目（编号：17JYB010）。2018年开始论证家庭学专业在中华女子学院建立的必要性，建立家庭学科网络体系，召开第三届中国家庭学科研讨会。2019年1月成立中华女子学院家庭建设研究院，12月召开首届新时代家庭建设论坛暨第四届中国家庭学科研讨会。对家庭文明、家庭教育、家庭服务、家庭研究等与家庭相关的重点社会议题进行深入探讨。2020年3月家庭建设研究院针对新冠疫情，进行"从SARS到COVID-19，家庭建设的对策研究"，涉及家庭伦理、家庭教育、家庭卫生、家庭健康、家庭消费、家庭养老、家庭营养和食育、家庭工作等诸多领域。

目前参与《家庭学丛书》编写的有三十多名学者和专家，计划出版的家庭学科专著有25部，这些书籍将向读者展现关于家庭学科的崭新的思维构想。《家庭学丛书》的内容：婚姻的基础、家庭关系、家庭伦理道德、家庭中的儿童成长、家庭中的性教育、家庭与法律、家庭的礼仪、家庭的健康管理、家庭居住与环境、家庭服饰文化、家庭食品营养、家庭理财与消费、家庭中的老年人照顾、家庭中的男性角色等。

《家庭学丛书》是促进家庭和睦构建和谐社会的需要。人的一生有三分之二的时间是在家里度过，家庭是生活幸福的关键，人们掌握了家庭学科的知识，会促进社会有序和谐地发展。从家庭科学兴起和发展的历史来看，男女两性掌握家庭学科的知识，男女平等基本国策方能落实到实处。丛书为家庭工作理论收集了丰富的资料。

《家庭学丛书》将深刻的道德教育寓于熟悉的现实生活，以最具体的方式教学做人，学做事。一个人一辈子离不开家庭，家庭知识伴随人们的一生。进行各个家庭发展阶段的教育指导，使人民树立正确的家庭责任观，培养家庭成员良好的生活习惯，指导儿童合理规划生活和学习，使家庭生活健康发展。丛书为社区家长学校提供良好的教材。

《家庭学丛书》有利于完善中华优秀传统文化。研究家庭美德：尊老爱幼、男女平等，夫妻和睦、勤俭持家、邻里团结；研究家庭文明：建设良好的家教、家风、家训。家庭知识贯穿每个人的一生，家庭是育人的起点，是德育教育的第一课堂，家庭学科的传播是最重要的教育之一，也是立德树人的标志。家庭和睦则社会安定，家庭幸福则社会祥和，家庭文明则社会文明。丛书为创建中国家庭学科专业奠定了坚实的基础。

孙晓梅

2020.4.6

目 录

第一章 婚姻和家庭的基础知识 ······ 1
第一节 关于婚姻的基本知识 ······ 1
一、婚姻的含义 ······ 1
二、婚姻的类型 ······ 2
三、婚姻的本质 ······ 3
第二节 关于家庭的基本知识 ······ 3
一、家庭的含义 ······ 3
二、家庭的结构和类型 ······ 5
三、家庭关系 ······ 7
四、家庭功能 ······ 9
五、家庭的本质和文化差异 ······ 11

第二章 家庭服务概述 ······ 14
第一节 家庭服务的含义 ······ 14
一、什么是家庭服务 ······ 14
二、家庭服务的对象 ······ 15
三、家庭服务的目标 ······ 15
四、家庭服务的任务 ······ 16
第二节 家庭服务的内容、方法和原则 ······ 16
一、家庭服务的内容 ······ 16
二、家庭服务的方法 ······ 17
三、家庭服务的原则 ······ 19
第三节 国内外家庭服务发展概况 ······ 19
一、境外家庭服务发展概况和规律 ······ 19

二、境内家庭服务发展概况 ·· 21
　第四节　我国发展家庭服务的意义、路径和组织基础 ······················ 22
　　一、我国发展家庭服务的意义和路径 ······································ 22
　　二、我国与家庭服务提供相关的官方机构 ································· 23

第三章　家庭服务的理论基础 ·· 27
　第一节　家庭发展理论 ·· 27
　　一、家庭发展理论概述 ·· 28
　　二、家庭的生命周期 ··· 29
　　三、家庭阶段与发展任务 ·· 30
　　四、家庭阶段间的过渡 ·· 31
　　五、家庭发展理论与家庭服务 ·· 31
　第二节　家庭生态系统、家庭系统理论 ··· 32
　　一、家庭生态系统 ··· 34
　　二、系统视角下的家庭 ·· 35
　　三、生态系统取向的家庭服务 ·· 36
　第三节　家庭压力、家庭危机与压力应对理论 ······························· 37
　　一、家庭压力和家庭危机 ·· 38
　　二、家庭压力理论 ··· 39
　　三、家庭抗逆力与压力的应对 ·· 41
　　四、家庭压力/危机应对理论与家庭服务 ·································· 42
　第四节　性别视角与性别敏感 ··· 43
　　一、社会性别与性别平等 ·· 44
　　二、女性主义社会工作 ·· 45
　　三、性别敏感取向的家庭服务 ·· 46

第四章　家庭服务的技术和工具 ··· 48
　第一节　家庭会谈与家访 ··· 48
　　一、家庭会谈 ·· 48
　　二、家访 ·· 54
　　三、面谈和家访在家庭服务中的应用 ······································ 56

第二节 个案管理 ········ 56
一、个案管理的含义 ········ 57
二、个案管理的流程 ········ 58
三、个案管理在家庭服务中的应用 ········ 60

第三节 小组工作 ········ 61
一、小组工作与其他专业助人取向小组的比较 ········ 61
二、小组的类型与小组工作的功能 ········ 63
三、小组的历程 ········ 64
四、工作者的工作任务和重点 ········ 66
五、适用于家庭服务的小组工作模式 ········ 68

第四节 家谱图和家庭生态图 ········ 70
一、家谱图 ········ 70
二、家庭生态图 ········ 74
三、家谱图和家庭生态图在家庭服务中的应用 ········ 75

第五节 家庭会议 ········ 76
一、家庭会议：定义和功能 ········ 76
二、召开家庭会议的原则和注意事项 ········ 76
三、家庭会议的内容和步骤 ········ 77

第五章 社会转型期的家庭和家庭问题 ········ 79

第一节 社会转型与家庭变迁 ········ 79
一、社会转型期的家庭结构转变 ········ 80
二、社会转型期的家庭功能转变 ········ 81
三、社会转型期的家庭关系转变 ········ 83

第二节 社会转型期的家庭问题 ········ 84
一、社会转型期的夫妻关系问题 ········ 84
二、社会转型期的家庭关系问题 ········ 87
三、社会转型期的家庭教育问题 ········ 88
四、家庭暴力问题 ········ 89
五、社会转型期的特殊家庭问题 ········ 92
六、社会转型期家庭服务的重点 ········ 95

第六章 恋爱择偶咨询服务 ... 97

第一节 关于爱情的理论 ... 97
一、爱情的组成和爱的测量 ... 97
二、爱情的颜色理论 ... 98
三、爱情三角理论 ... 100
四、爱情的阶级性 ... 103

第二节 有关择偶的理论 ... 104
一、父母偶像理论 ... 104
二、需求互补理论 ... 104
三、社会交换理论 ... 105
四、同质性理论 ... 105
五、择偶三阶段理论 ... 106
六、择偶梯度理论 ... 107
七、择偶中的性别差异 ... 109

第三节 恋爱择偶咨询的重点 ... 110
一、爱情类型和择偶心理测量及辅导 ... 110
二、恋爱沟通技巧辅导 ... 111
三、恋爱暴力干预 ... 113
四、提供法律建议 ... 116

第七章 婚前/新婚辅导服务 ... 120

第一节 新婚阶段的主要任务 ... 120
一、家庭生命周期视角下的新婚夫妻任务 ... 120
二、新婚夫妻的基本任务 ... 121

第二节 新婚阶段的问题与需求 ... 123
一、新婚阶段的主要问题 ... 124
二、新婚阶段的主要需求 ... 127

第三节 新婚辅导的原则和方法 ... 128
一、新婚辅导的基本原则 ... 128
二、一对一婚前/新婚辅导 ... 129
三、新婚妻子/丈夫成长小组 ... 134

第八章　亲职辅导服务 ……………………………………………… 136
第一节　父母教养模式及其影响 …………………………………… 136
　　一、父母教养模式的含义和类型 …………………………………… 136
　　二、父母教养模式的影响 …………………………………………… 138
　　三、父母教养模式的影响因素 ……………………………………… 140
第二节　亲职辅导的含义和内容 …………………………………… 140
　　一、亲职辅导的含义 ………………………………………………… 140
　　二、亲职辅导的内容 ………………………………………………… 143
第三节　亲职辅导的方法 …………………………………………… 148
　　一、个别辅导 ………………………………………………………… 148
　　二、父母自助小组 …………………………………………………… 149
　　三、亲子互动小组 …………………………………………………… 150

第九章　家事调解服务 ……………………………………………… 153
第一节　家事调解的含义和类型 …………………………………… 153
　　一、家事调解的含义 ………………………………………………… 153
　　二、家事调解的类型 ………………………………………………… 154
第二节　家事调解的模式和过程 …………………………………… 156
　　一、阶段理论模式 …………………………………………………… 156
　　二、程序模式 ………………………………………………………… 157
　　三、问题解决与协商取向调解 ……………………………………… 158
　　四、治疗式调解模式 ………………………………………………… 159
　　五、转化式取向的调解 ……………………………………………… 161
　　六、互动式取向 ……………………………………………………… 162
第三节　家事调解的原则和实务技巧 ……………………………… 163
　　一、家事调解的伦理原则 …………………………………………… 163
　　二、家事调解的实务技巧 …………………………………………… 164

参考文献 ……………………………………………………………… 172

第一章　婚姻和家庭的基础知识

近两年，有很多反映家庭生活和家庭问题的电影获得了大众关注，并引发了人们对于家庭议题的广泛讨论。仅2019年就有获得金马奖等诸多奖项的中国台湾电影《阳光普照》、风靡亚洲的韩国女性主义题材电影《82年出生的金智英》以及获得众多电影奖项荣誉的《婚姻故事》三部佳片。而2020年，热播的中国大陆电视剧《隐秘的角落》一度刷屏社交媒体。这些作品都属于家庭生活题材的影片，而且主要是呈现家庭问题的影片。艺术来源于生活，爱情、婚姻和家庭作为人类社会生活中的重要主题，自古至今源源不断地激发着文学和艺术的创作灵感，也正因此，相关的作品不胜枚举。

以上这些作品，从不同角度帮助我们一窥由家庭境遇、家庭结构、家庭沟通、家庭发展阶段、家庭教育以及社会性别文化等所导致的各种类型的婚姻家庭问题。从个体的角度讲，人们选择进入婚姻并组成家庭是为了满足自身的某些需要，以增加个人的福祉。但从辩证的视角看，有得即有失，个体在获得婚姻和家庭带来的福利的同时，必然需要承担相应的责任，并承受婚姻家庭生活中的一系列问题。然而，人性趋利避害、趋乐避苦的本能使得人们通常只愿意享用婚姻和家庭所带来的福利，而对义务、责任和问题准备不足。因此，自己认识清楚并且帮助服务对象认识清楚婚姻和家庭的本质，是从事婚姻家庭服务的社会工作者的基本出发点。

第一节　关于婚姻的基本知识

婚姻和家庭是人类学、社会学、法学等研究的基本范畴。家庭起始于婚姻，一段婚姻关系的缔结标志着一个新的家庭的形成。

一、婚姻的含义

人类学将婚姻（Marriage）定义为在各自文化中依风俗习惯或法律规定所建

立起来的夫妻关系。从个人权利的角度讲,婚姻是一个男人(男人们)与一个女人(女人们)之间建立持久的联结,彼此赋予配偶专属的性权利和经济权利,赋予由婚姻而生的孩子以社会身份的过程。换句话说,婚姻确立了配偶之间性的权利、为父为母的权利、占有配偶劳动的权利、占有/享用配偶财产的权利、建立新的社会关系和获得新的社会地位的权利。从社会的角度讲,是对两性结合的公开的认可和批准。①

在各种法律学说中,婚姻被定义为一位男性与一位女性合法结合形成的一个群体,前提是他们的年龄符合法律规定,而且两个人当前都不存在合法的婚姻关系。依照该定义,那些由同性组成的或由异性组成的,虽然发挥婚姻功能,但没有获得法律承认的事实婚姻都是非法的。它们不能享有与合法婚姻一样的法律权利,也不受法律保护。

潘允康将婚姻界定为"男女双方通过择偶、依据一定的法律、伦理和风俗所结成的夫妻关系"。② 在传统礼制社会,婚姻主要遵从婚姻礼仪和风俗伦理。而在现代社会,符合法律规定是婚姻的基本要件;此外,还受到风俗和传统的约束。

二、婚姻的类型

按照不同的分类标准,可以把婚姻划分为不同的类型,比如按照婚姻缔结的条件,可以分为掠夺婚、买卖婚、服役婚、交换婚、妆奁婚、聘娶婚、契约婚以及合意婚/自主婚等。

按照缔结婚姻的双方人数划分为:

(1)单偶婚(Monogamy),即一夫一妻婚。当代世界绝大多数国家的婚姻都遵循一夫一妻制。一夫一妻制符合人口出生性别比的规律,有利于社会稳定和人口繁衍;而且与多配偶婚姻相比,维系的强度也大得多。在结构功能论看来,对于充斥着各种风险的现代工业社会来说,稳定的婚姻显然更有利于抚育子女和保存财产。

(2)多偶婚(Polygamy),包括一夫多妻(Polygyny)和一妻多夫(Polyandry)两种形态。顾名思义,一夫多妻是指一名男子同时以多名女子为妻;一妻多夫是指一名女子同时与多名男子结婚。人类学认为一夫多妻的主要是为了制造联

---

① 朱炳祥:《社会人类学》,武汉大学出版社2012年版,第132页。
② 潘允康:《婚姻家庭社会学》,北京大学出版社2018年版,第31页。

合工作的能力和共同利用几位妇女的生产力和生育力;而一妻多夫主要是出于保存家族财产和维系家庭的目的。多偶婚在世界上许多地方是合法的,其中包括中东地区、南美洲、亚洲以及非洲的部分地区。但是,受现代文明的影响以及性别角色分工的变化,这些国家和地区的一些传统观念也在改变。在我国,少数信仰伊斯兰教的民族还保留有一夫多妻的传统;藏族少数偏远的农牧区还保留有一妻多夫的婚姻形式。

三、婚姻的本质

家庭史学家斯蒂芬妮·孔茨认为,虽说婚姻形式多种多样,但是所有的婚姻都有三个共同的特征:①

(1)所有的权利和义务都以性别、性关系、庞大的家庭关系以及合法出生的孩子为基础;

(2)家庭的角色分工和定位是非常明确的;

(3)财产和所有权可以在代际间合法地转移。

由此可见,婚姻作为一种男女结成夫妻关系的社会制度,从表象看是两个个体之间的私人行为,但在本质上是承担了人口再生产和人类社会传承发展功能的社会行为,邓伟志、徐新认为"从本质上讲,婚姻是男女之间在特定条件下的社会结合"②。婚姻自其产生之始就是一件服务于群体需要的"公事",而不仅仅是个体之间的"私事"。当然,伴随人类社会的文明进步,婚姻的"私性"和情感构件部分得到了越来越多的重视和承认。

第二节 关于家庭的基本知识

一、家庭的含义

1. 家庭的含义

人类学家和社会学家把家庭定义为人们以婚姻、血缘、收养、同居等关系为纽带联结起来的,共同生活以及经济相关、情感分享的社会群体,在其中,

---

① [美]珍妮弗·孔兹:《婚姻&家庭:别被幸福绊倒》,王道勇、郧彦辉译,中国人民大学出版社2013年版,第6页。

② 邓伟志、徐新:《家庭社会学导论》,上海大学出版社2006年版,第77页。

家庭成员共同生活、经济共担、情感共享。家庭承担了人类社会维系和发展的重要功能,是人类最基本的社会制度。正如习近平(2016)《在会见第一届全国文明家庭代表时的讲话》所言:"无论时代如何变化,无论经济社会如何发展,对一个社会来说,家庭的生活依托都不可替代,家庭的社会功能都不可替代,家庭的文明作用都不可替代。""家庭和睦则社会安定,家庭幸福则社会祥和,家庭文明则社会文明。"

目前,人们对于家庭概念的普遍共识是,家庭是以婚姻、血缘、收养以及同居等关系为纽带联结起来的社会群体,在其中家庭成员共同生活、经济共担、情感共享。家庭被认为是人类社会最小也是最初级的社群单位和组织,同时,家庭是一项基本的社会制度。家庭组织由三个互动的基本要素构成,即家庭结构、家庭关以及家庭功能。不同学科关注和研究家庭的重点不同,如表1-1所示。但当前跨学科研究已经成为家庭研究的基本特征。

表 1-1　　不同学科家庭研究的重点(1977,1985,1991)①

学科	研 究 主 题
社会学	家庭系统,人际关系,社会变迁
人类学	初民家庭,亲属关系,家庭进化
人口学	生育、死亡、婚姻、迁移
经济学	家庭收支、生活水准
教育学	家庭生活、婚前教育、性教育、育儿方法
历史学	家庭起源、家庭在历史中的重要性、历史趋势与家庭变迁
法律学	婚姻、离婚、收养、儿童保护、亲职权利与责任
心理学	人际关系、人格特性、学习
宗教学	对婚姻家庭的教会政策;关于道德、爱、性的宗教规定
儿童发展	婴儿成长、学习、人格形成
老年学	老人家庭
公共卫生	家庭健康与预防医学、妇幼保健、卫生教育、性病预防与治疗

---

① 根据(蔡文辉:《婚姻与家庭-家庭社会学》,台湾五南图书出版股份有限公司2005年版,第18页和彭怀真:《婚姻与家庭》,台湾巨流图书公司1996年版,第183-184页。)内容整理。

续表

学科	研 究 主 题
家政学	营养、居住、收支、子女教育的投资与评估
咨询工作	婚姻家庭中的人际互动；个人、婚姻、家庭咨询
社会工作	评估家庭需要、测量家庭功能、提供家庭扶助和救济

2. 家庭的性质和特征

家庭具有自然和社会双重属性。家庭的自然属性是指家庭赖以形成的自然因素。如男女两性的生理差别，人类固有的性本能以及通过自身繁衍而形成的血缘关系等；此外，家庭的自然属性象征了人们生活居有定所，并且具备了维持生计的手段。家庭的社会属性关注家庭依靠什么组织和联结，家庭成员之间的关系怎样，他们又是如何互动，这也是家庭区别于其他社会组织的特质。

家庭的性质决定了家庭的特征，包括：

(1) 家庭是社会群体而非个体。社会学把家庭界定为最小的社会单位，是人类生活的初级群体之一。

(2) 家庭是以婚姻和血缘关系为基础的共同体，区别于其他以地缘、业缘、趣缘等为形成基础的社会群体。

(3) 家庭以共同生活、经济共有、情感共享为条件，涉及的生活维度更多，也更复杂。

(4) 家庭是一个变化着的历史范畴，家庭的形态和结构是随着历史变迁不断转变的。采集狩猎社会、农业社会、畜牧社会、工业社会以及后工业社会，分别产生了不同的家庭组织形态。

二、家庭的结构和类型

1. 家庭结构的含义

家庭结构(Family Structure)也称为家庭构成，指家庭成员的组合状况，即家庭中人与人之间相互联系的模式，家庭成员间的相互排列与组合、相互作用与影响，以及由此形成的家庭规模和类型就是家庭结构的整体形态。家庭结构是家庭存在的社会表现形式，它同家庭功能、家庭内部人际关系是相互影响、相互制约的。家庭内部的人口流动，成员生死角色变换等，都直接影响着家庭结构形态的变化。

在人类历史上不同的社会生产方式下，由于家庭内部各种因素的相互矛盾运动形成了不同的家庭结构，家庭结构的不同决定了家庭功能、家庭观念等方面的变化。亲属构成和家庭成员人数是家庭结构中的两个基本因素。

2. 家庭结构的类型

按照不同的分类标准，可以划分出不同的家庭结构类型。

(1)按照家庭人口数量多寡和代际层次多少，可以划分为大家庭和小家庭。家庭成员数目为 5 人及以上或代际数目为三代及以上的家庭为大家庭；家庭成员数目为 4 人及以下或代际数目为两代及以下的家庭为小家庭。

(2)按照家庭成员居住模式，可以划分为从妻居家庭、从夫居家庭、两居制家庭及新居制家庭。从妻居家庭指婚后新郎来到新娘母亲一方生活的家庭；从夫居家庭指婚后新娘来到新郎父亲一方生活的家庭；两居制家庭包括两种类型，一种是新婚夫妻可以选择到父方家庭或母方家庭的任何一方生活的家庭，一种是新婚夫妻同父方亲属和母方亲属交替生活的家庭；新居制家庭指新婚夫妇结婚后搬离各自的原生家庭而单独生活的家庭。

(3)按照继嗣规则，可以划分为父系家庭、母系家庭、双系家庭。父系家庭指只通过男性将个人与两性亲属连接起来并追溯共同祖先的家庭；母系家庭指只通过女性将个人与两性亲属联结起来并追溯共同祖先的家庭；双系家庭指个人同时通过父方和母方来确定其与亲属间关系的家庭。

(4)按照家庭中的权力关系和权威，可以划分为父权家庭、母权家庭、平权家庭、舅权家庭等。

(5)按照家庭代际层次和亲属关系，可以划分为核心家庭(Core Family)、主干家庭(Stem Family)、扩展家庭(Extended Family)以及其他家庭。核心家庭指由父母及未婚子女组成的家庭；主干家庭指由两代或两代以上夫妻组成，且中间无断代、每代最多不超过一对夫妻的家庭；扩展家庭指家庭中任何一代都含有两对以上夫妻的家庭。

人类学的研究表明，核心家庭一直是人类最普遍的家庭组织；我国的学者研究则表明核心家庭和主干家庭是中国传统社会的主要家庭类型，而扩展家庭一般存在于社会经济地位较高的豪门望族群体中。扩展家庭由于人口多，且有多对同代夫妻，因此表现出多中心关系复杂的特点。其他家庭则包括隔代家庭、单亲家庭、同居家庭等。

此外，还存在一些非传统的家庭类型，比如独身家庭(指人们到了结婚的年龄不结婚或离婚以后不再婚而是一个人生活的家庭)、单亲家庭(由单身父亲或母亲和未成年子女/未婚子女生活在一起的家庭)、重组家庭(指夫妻一方再婚或者双方再婚组成的家庭)、空巢家庭(指子女因求学或就业等离巢后,只剩父母两个人一起生活的家庭)、丁克家庭(指有生育能力但主动选择不要孩子的家庭)、隔代家庭(指青壮年长期离家,只有祖辈和孙辈生活在一起的家庭)等。

三、家庭关系

1. 家庭关系的含义

家庭关系(Family Relationship)是指家庭成员间的人际互动或联系,属于社会关系的一种。在法律学说中,家庭关系是指基于婚姻、血缘或法律拟制而形成的一定范围的亲属之间的权利和义务关系。[①] 家庭关系既反映了家庭角色之间的互动,也反映了家庭成员的行为互动。

家庭关系主要由人口数量、代际层次、夫妻对数所决定,因此,我们说家庭结构会影响家庭关系。

(1)人口数量。家庭成员越多,互动的线条越多,家庭关系越复杂。

(2)代际层次。由于"代沟"的存在,家庭中代际层次越多,代际的碰撞越多,家庭关系也就越复杂;反之,代际层次较少的家庭,家庭关系也相对简单。

(3)夫妻对数。一对夫妻及其子女构成一个核心家庭,家庭中的夫妻对数越多,意味着核心家庭越多。从纵向的代际关系讲,核心家庭众多会减少成员之间的互动;从横向的同辈关系讲,核心家庭众多可能会增加成员之间的冲突。无论从哪个角度讲,夫妻对数越多,都越有可能分散和削弱家庭的凝聚力。

2. 家庭关系的类型

一般来讲,人们按照血缘和姻缘关系的亲疏远近,将家庭关系分为夫妻关系、亲子关系、兄弟姐妹关系、婆媳关系、翁婿关系、妯娌关系、姑嫂关系、祖孙关系等。这些家庭关系中,有些是同辈人之间的平行关系,如夫妻、兄弟姐妹、妯娌、姑嫂等;有些是代与代之间的垂直关系,如亲子、婆媳、翁婿、叔侄、祖辈与孙辈等。

还有一种分类法,按照家庭中的权力关系和权威(Authority),主要是代际权力关系和性别权力关系,将家庭关系分为三类:

---

① 朱强:《家庭社会学》,华中科技大学出版社2012年版,第121页。

(1) 父权家庭：指家庭中最年长的男性拥有大部分权威，包括家庭财产的支配权、家庭实务决定权等。女性负责家务和照顾孩子。是历史上大多数家庭的模式。

(2) 母权家庭：指家庭中最年长的女性拥有大部分权威。但没有确凿证据表明妇女曾同样拥有过男人所具有的权威。

(3) 平权家庭：指丈夫、妻子和孩子在权利和权力上基本平等，家庭成员之间彼此尊重，家庭事务民主决策，是现代文明社会的重要标志之一。但现实中许多重要决定还是由丈夫/父亲做出的。

3. 家庭关系的特征

相较于其他社会关系，家庭关系具有其独特性。

(1) 家庭关系的发生根据不同于其他社会关系，表现了家庭成员之间特殊的互动。家庭关系以婚姻、血缘为联系纽带，表现为有婚姻、血缘关系的人之间的关系，包括由收养关系就建立起来的准血缘关系。其中以婚姻关系为纽带的人之间称为姻亲，以血缘关系为纽带的人之间成为血亲。因此，家庭关系存在一定的利他主义倾向。

(2) 家庭关系是频繁、直接、全面、深刻的人际互动。家庭关系包括生活、经济、情感、性、生育、赡养、事业、政治、道德伦理等多种关系。也因此，家庭成员之间自然地产生一种彼此容忍、顺应和合作的需要，也因此说家庭是一个系统。

4. 家庭关系的影响因素

打开托尔斯泰的小说《安娜·卡列尼娜》，扉页上醒目地写着一行字："幸福的家庭都是相似的，不幸的家庭却各有各的不幸。"家庭关系是衡量家庭幸福与否的重要标准。

影响家庭关系的主要因素包括：

(1) 家庭成员的生理、心理、道德和文化方面的素质。例如，某个家庭成员存在生理障碍，需要其他家庭成员的照料才能维持生活，这会影响家庭成员之间的关系。此外，心理健康状况、文化素质和道德素质等都会影响家庭成员的沟通能力和沟通方式，从而影响家庭关系。

(2) 家庭成员之间的空间距离。家庭成员之间的空间距离较远，会使得交往和沟通出现困难，减少联系的频率和次数，从而关系疏离，但通信技术的发展一定程度上弥补了这种条件限制。但是空间距离太近，接触过于频繁也有可能产生矛盾和纠纷，比如同一屋檐下会导致婆媳关系紧张。所以在代际关系上，有了"一碗汤的距离"的说法，不近不远，既能够相互照应，又保持了独立性，有利于关系和谐。再比如留守儿童和父母的关系冲突、分隔两地打工的夫妻之间的问题等。

(3)外部的社会环境，包括社会经济、政治条件、道德风尚甚至技术条件等。经济形势和政治环境会对家庭关系产生影响。单个家庭的经济困境可能导致家庭关系紧张，也就是我们中国俗话说的"贫贱夫妻百事哀"。但社会总体的经济形势比较差时，反而使得家庭凝聚力提升，以共克时艰。政治条件有时也会对家庭关系造成冲击，这方面很多以第二次世界大战为背景的电影都有反映。不同社会的伦理道德和风俗习惯也会对家庭关系产生不同影响，这通称为由文化差异导致的家庭矛盾。

(4)社会的法律、宗教等因素也对家庭关系产生不同程度和不同性质的影响。例如法律规定父母有义务抚养子女，子女有义务赡养父母，这就从法律上保证了两代人之间的关系。大多数宗教都有关于家庭的规范，一定程度上也促进了家庭的稳定。

四、家庭功能

1. 家庭功能的含义

家庭功能(Family Functioning)，是指家庭在人类生活和社会发展方面所能起到的作用，即家庭对于人类的功用和效能。① 家庭功能的发挥具有自发性和复合性的特点。

有两个因素会对家庭功能产生决定性的影响：第一个因素是社会，包括社会制度、社会文化等，例如，农业社会的家庭功能和工业社会、消费社会的家庭功能就完全不同。第二个因素是家庭生命周期，即家庭所处的发展阶段。家庭在不同的发展阶段所面临的发展任务不同，由此家庭功能也在发生变化。

2. 家庭功能的类型

(1)家庭对于个人的功能

家庭对于个人而言，具有丰富而重要的功能，这些功能包括：

第一，生物功能，如性欲的满足、生育传代、小孩的保护及老人的照料等。

第二，心理情感功能，如个人各种心理态度及行为的养成、人性及人格的

---

① 朱强：《家庭社会学》，华中科技大学出版社2012年版，第107页。

发展、情感的发泄、爱情的培植与表现以及精神的安慰等。

第三，经济功能，家庭是最小的经济组织单位，包括生产、分配、消费及解决个人的衣、食、住等内容。

第四，教育功能，家庭是人类最初最小的学校，担负传授知识、灌输伦理道德观念、指导行为及使人社会化的责任。

第五，娱乐休闲功能，家庭是人类基本的娱乐休息场所，是家庭成员共同娱乐享受天伦之乐的地方。

第六，政治功能，家庭单位如同一个小型政府，家长为统治者，权威的观念及服从的习惯是在父母子女关系中养成的。

(2) 家庭功能的分类法

杨善华教授将家庭的功能区分为核心功能和主要功能。[①]

①核心功能是指与一定的生产方式相适应，具体体现着一定社会的家庭制度和家庭本质的功能。只要社会的家庭制度不变，家庭的核心功能将保持不变。例如，传统农业社会，家庭的核心功能是生产功能。现代城市社会，家庭的核心功能是情感满足功能。

②主要功能指在家庭生命周期的不同阶段，针对家庭组织者的主要需求的家庭功能。家庭的主要功能会随家庭组织者的主要需求的变化而变化。例如，家庭形成阶段，情感满足和生育是主要的功能；进入有儿童、青少年的阶段后，抚育功能突出；老年阶段，赡养成为主要功能。

核心功能取决于家庭制度，只要家庭制度不发生改变，核心功能就保持稳定，贯穿于家庭生命周期的始终，即无论处于哪一个家庭发展阶段，核心功能都不变。主要功能取决于家庭生命周期，家庭发展阶段不同，家庭主要功能会发生改变。

(3) 现代工业社会家庭的功能

随着人类社会的发展，家庭的功能不断发生变化。在现代工业社会，家庭的对个人的功能主要集中于：

①社会化的功能；

②情感支持的功能；

③规范性关系的功能；

④生育子女的功能；

---

① 杨善华：《家庭社会学》，高等教育出版社 2007 年版，第 61 页。

⑤提供合法身份和社会地位的功能；
⑥提供经济保障的功能；
⑦保护年幼和年长者的功能。

作为一种社会制度，家庭除了对社会成员个体具有意义外，对社会具有更重要的意义，包括：

①通过人口再生产和提供社会化的最初环境等来维护社会的延续、继替和传承，即社会再生产的功能。

②通过对家庭成员的管束而实现社会控制功能或者说家庭承担社会控制协同者的职能。

③在某些特定背景下，家庭也能够发挥推动社会变迁的功能。

家庭不仅有正向功能，还存在反功能(Dysfunction)。反功能是指一个单位、习俗或制度的运作结果，被认为阻碍了整个体系的整合调适和稳定，即存在功能缺陷。[①] 家庭的反功能表现在：

①有可能消解个人的独立性；
②剥夺个人生活选择权利和生活隐私；
③限制了家庭成员的选择，家庭内部关系不平等；
④社会地位的代际传递造成社会不公；
⑤家庭制度有可能阻碍社会进步、创新和多元。

家庭功能组合、家庭结构和家庭关系从各个侧面反映着家庭的丰富内涵，其变化也反映家庭所包含的内涵的变化。因此，某种程度来讲，家庭功能及由此决定的家庭的内涵决定了家庭的本质。在社会发展的某一阶段，家庭总有某一种含义和核心功能居于支配地位，它存在和所处的地位，决定了家庭的本质。处于某一社会发展阶段的家庭的本质总是对此特定的社会发展阶段而言的，受该阶段生产力发展水平的制约，反映出该社会发展阶段的特征。因此，家庭本质将随居支配地位的核心功能的变化而变化。

五、家庭的本质和文化差异

1. 不同理论关于家庭本质的见解

结构功能理论认为，丈夫负责养家妻子负责持家的核心家庭最能够满足个人和社会的需要，因此最符合社会的期待。遵守西方社会主流价值观和社会规

---

① 彭怀真：《婚姻与家庭》，台湾巨流图书公司1996年版，第190页。

范的男主外女主内的核心家庭，更能够发挥良好的社会功能，更有利于孩子的健康成长。在传统核心家庭长大的孩子，更容易取得成功；相反，如果孩子生活在非传统型的家庭如单亲家庭或隔代家庭中，他们越轨的可能性就会大大增加。

与结构功能理论从功能的角度理解家庭不同，社会冲突理论从权力和利益的角度理解家庭。首先，该理论认为家庭中的每位成员都会以对自己有利的方式行事，由于成员之间的利益不同，他们之间必然会出现冲突。夫妻之间、手足之间以及亲子之间都可能因利益分配而爆发冲突。其次，该理论认为家庭内部同样存在着控制和支配关系，父母控制和支配子女，男性控制和支配女性。家庭中的控制和支配关系是社会上阶级和性别不平等关系的反映。再次，冲突理论认为冲突是社会变迁的手段，掌握权力的人力图阻止社会变迁的出现，而没有权力的人则致力于推动更平等的关系的出现。最后，正是由于家庭中充满了权力不平等和围绕权力的斗争，所以，孩子们很小就从家庭中学到了冲突和妥协的原则。

而在符号互动理论看来，个人是在与他人互动的过程中，通过互动本身以及对互动的理解，形成自我意识的。人们通过他人来认识自己，他人对待我们的方式，就像一面镜子帮助我们看见自己。由于大多数人人生的很多时间是和家里人一起度过的，因此，家庭成员在人们自我意识和自我认同的形成方面发挥了很大的作用。无论对于孩童还是成人，家庭都是个体形成自我价值感和高自尊人格的重要来源。

2. 中西方家庭的文化差异

①西方家庭以夫妻轴为中心，强调夫妻关系；中国传统家庭则以亲子轴为中心，更重视亲子关系；

②西方家庭秉持个体主义的传统，强调家庭个别成员的利益；中国传统家庭保持家庭主义的传统，重视家庭整体的福祉；

③西方家庭成员之间的边界清晰，重视维护个人隐私；中国传统家庭崇尚几代同堂，家庭成员几乎没有个人空间；

④西方家庭成员之间的关系更为平等；中国传统家庭不同年龄、不同性别、不同辈分家庭成员之间的等级秩序清晰；

⑤西方家长尊重子女作为完整个体的独立性，会给予子女充分的选择权；中国家长则习惯包办主义，经常代替孩子做决定。

伴随中国的现代化、城市化进程和西方文化的影响，中国家庭也在发生变化，比如越来越重视夫妻关系、家庭成员之间的关系更为平等、开始重视个体独立性和个人隐私等。但这些变化主要发生在少数城市中产家庭，中国大多数的家庭依然延续着传统中国家庭的特征。

  这些来自不同理论的解释，对于我们更深刻地理解家庭具有重要意义。

第二章 家庭服务概述

第一节 家庭服务的含义

各个国家和地区由于历史传统、文化背景以及家庭政策取向不同,所以对于家庭服务有不同的理解。

一、什么是家庭服务

广义的家庭服务(Family Service)涵盖了所有以家庭为对象,通过向家庭提供服务以满足家庭需求的实践。这里的服务既涵盖了有偿或低偿的营利性服务,也涵盖了作为公共服务的非营利性服务;既包括家政服务、病患陪护、维修服务、家庭教师等满足家庭工具性生活需求的服务,也包括家庭咨询、家庭教育、家事调解等满足家庭情感性和关系性需求的服务。国内一些文献将家庭服务界定为"以家庭为服务对象,以家庭事务为服务内容,满足家庭及其成员生活需求的各类个人居民生活服务"或"以家庭或家庭成员为服务对象,从事以日常家庭生活事务为主要内容的服务活动"等①。这些界定所指的家庭服务准确意义上来讲是指遵循市场机制的有偿的满足家庭一系列工具性生活需求的家庭生活服务。

社会工作领域的家庭服务是指以家庭为对象,对因社会或家庭成员方面的原因而陷入困境的家庭开展专业性服务的实践,其目的在于协助解决家庭问题,改善日常家庭生活,提升家庭成员的社会适应能力和家庭自身解决问题的能力,促进家庭关系的和谐及家庭功能的正常发挥,提高家庭的资源可及性和

---

① 王志刚主编:《世界家庭服务业发展比较研究》,中国劳动社会保障出版社2018年版,第4-5页。

家庭运用社会资源的能力。在欧美一些国家，通常用家庭服务代表家庭社会工作。由此可见，社会工作领域的家庭服务主要满足家庭的情感性和关系性需求。

作为一门应用社会科学，社会工作以利他主义理念和科学有效的方法帮助有困难、有需要的社会成员，增强其能力，促进其与社会环境相适应，达到增进其福利的目标，是现代社会的一项重要制度。专业助人是社会工作的本质。区别于志愿服务和公益慈善，专业助人要求有系统的价值观和伦理原则、有明确的工作理念、有合理的计划或设计，有一套经过实践检验的行之有效的方法。以"助人自助"作为根本指导思想，社会工作通过提供物质帮助、给予心理支持、促进能力发展以及维护合法权益等专业的助人服务，帮助陷入困境的个人、家庭、群体和社区恢复社会功能，使其有能力独立面对生活中的问题。同时，通过对个人、家庭、群体以及社区的回应，社会工作间接实现了促进社会稳定和社会和谐、促进社会进步和协调发展的功能。

社会工作产生于19世纪回应工业化所带来的社会问题的背景下，工业社会社会问题的多样性决定了社会工作领域的多样化。家庭服务作为社会工作的传统领域，基本是与社会工作实务同步发展起来的，并一直是社会工作的重要领域。此外，对于其他的社会工作领域来说，家庭或是作为一种视角、或是作为一个载体、或是作为改变的目标、或是作为服务资源和行动系统，以不同的角度在专业服务过程中发挥作用。因此，对于社会工作教育来说，关于家庭和家庭问题的知识也构成了社会工作专业知识的基础之一。

二、家庭服务的对象

一般人认为对家庭中各个成员的需求和问题提供应对和帮助，就是在开展家庭服务，认为伴随个人问题的解决，家庭问题自然而然就解决了。但事实上，家庭是一个系统，家庭成员之间的互动和关系会影响这个系统的正常运作。因此，家庭服务以家庭整体为对象，不仅协助家庭本身及家庭成员，同时也重视家庭成员之间的关系以及家庭与外部环境系统之间的联结。整体来说，家庭服务的服务对象为所有的家庭及其家庭成员，尤其是弱势人群和有需要的家庭。

三、家庭服务的目标

家庭服务的总目标在于协助解决家庭问题，改善日常家庭生活，提升家庭成员的社会适应能力和家庭自身解决问题的能力，促进家庭关系的和谐及家庭功能的正常发挥，提高家庭的资源可及性和家庭运用社会资源的能力。

为了实现总目标，需要达成的具体目标包括：①

(1) 增强家庭优势，促使家庭有能力做出长期改变；

(2) 创造家庭功能的具体改变，使其能在没有正式助人者帮忙的情况下维持有效且令人满意的日常运作；

(3) 在家庭治疗后提供额外支持，让家庭维持有效的功能运作；

(4) 帮助家庭和环境中的支持力量建立联系，确保家庭成员的基本需求能够得到满足；

(5) 快速处理家庭的危机需求，使其能够有效处理更长期的问题。

四、家庭服务的任务

以工作目标为导向，家庭服务的主要任务在于恢复家庭的社会功能，使其能够正常发挥作用，而家庭功能的发挥则有赖于家庭成员角色的正常履行，工作者在协助家庭成员角色的事情上，不仅要促进家庭成员角色承担能力和态度的改变，同时要改善家庭内部的互动和关系，推动家庭获得系统性的改变。

此外，家庭作为社会系统中最小的单位，与所处的环境息息相关，无法脱离环境而生存，所以环境状况对家庭功能的正常运转有极大的影响。社会工作的家庭服务强调家庭成员间的不同需求和互动关系，并重视与社会资源的连接和运用。由此决定了家庭服务服务内容的广泛性和服务方法的综合性。

第二节　家庭服务的内容、方法和原则

一、家庭服务的内容

关于家庭服务的内容，不同国家和地区涵盖的范围不同，但是总体上来说，可以归纳为以下几点：

1. 家庭救助服务

即向陷入经济困境或合法权益遭到侵犯的家庭或家庭成员提供的支援性服

---

① Donald Collins、Catheleen Jordan、Heather Coleman：《家庭社会工作》，魏希圣译，台湾洪叶文化事业有限公司2013年版，第2-3页。

务，内容包括经济救助和维护合法权益等。

2. 家庭咨询服务

指专业工作者运用个案或小组工作等社会工作专业方法为遭遇恋爱、婚姻和其他家庭生活问题的家庭或家庭成员提供咨询服务，内容包括婚恋辅导、夫妻关系调适、家庭关系咨询等。

3. 家庭生活教育服务

一般指以社区为平台，采用社区教育方法开展的关于家庭角色、家庭关系、亲职知识和技能、家庭管理知识、家庭生活技能等的培训服务。比如社区中的婚姻学校、家长学校、家庭生活百科知识讲座等。

4. 家事调解服务

指第三方的专门机构协助家庭妥善处理由离婚、子女监护与探望、老年人居住安排和财产分配等所引起的纷争的服务。通常包括社区调解和法院调解两种不同的形式。

5. 家庭资源服务

指通过构建社区服务网络，为家庭链接各种社会资源，增加家庭的社会支持系统，从而提升家庭对抗问题和风险的能力，以预防性的服务为主。

6. 家庭生活服务

指家政公司、装修和维修公司、专业照护机构等专门机构为满足家庭日常生活需要所做的服务，包括家政服务、维修服务、老年人、婴幼儿和残疾人的照料服务等，通常是有偿服务。

家庭生活服务已经有很多专门的著作进行介绍，而且以遵循市场机制的商业性服务为主，基本不属于社会工作的介入范围；而夫妻治疗、家庭治疗等，作为心理治疗服务，相较于家庭咨询服务，所处理的家庭议题更为病理化，主要在心理治疗专业机构处理，通常也以市场化运作为主。因此，综合考虑回应当下社会热点家庭问题和社会工作家庭服务范围，本书重点介绍恋爱和择偶咨询服务、婚前/新婚辅导服务、亲职辅导服务、家事调解服务和社区居家养老服务。

二、家庭服务的方法

服务目标和服务内容决定了家庭服务倾向于采取兼容多元的综融取向的工作实践(Generalist Social Work Practice)。综融社会工作方法要求工作者能够评估案主的状况，并且决定哪些部分有助于改变因此应该获得重点关注，包括个人、家庭、小团体、机构或组织、社区或它们之间的交互作用等。在综融社会工作实践架构下，社会工作可以划分为微观和宏观两类实务工作。在微观实践（Micro Practice）中，工作者协助个人、家庭和小团体能在大环境中有较佳的功能。宏观实践（Macro Practice）指想通过改变大环境来改善个人和家庭的运作。① 具体到家庭服务方面，综融取向的工作者服务家庭的方法一般包括临床家庭社会工作和间接性的家庭服务两类。

1. 临床家庭社会工作

临床家庭社会工作是以扮演家庭角色有困难的家庭成员为对象，但并不因此就忽视了服务对象与整个社会的关系，只是把问题解决的焦点放在家庭关系。因为个人在扮演家庭角色方面的障碍，必然使整个家庭陷入混乱状态，而这种混乱状态又会影响各个家庭成员。所以帮助家庭成员也就是帮助家庭整体恢复功能。

临床家庭社会工作在具体的实施方面，采取综融实践的一般原则和方法，凡是社会工作的一切知识都是家庭服务工作的基础。比如，在家庭问题和需求评估环节，常采用家谱图和家庭生态图这样一些工具。在直接服务中，经常采用家庭治疗和一对一家庭会谈。

此外，依据各类家庭成员的问题，家庭服务机构也常常组织诸如夫妇、父母、老人或青少年团体。对于在家庭生活中遇到困难的人，团体不仅可以给他们一些家庭生活教育的知识，有时还通过团体的讨论、个人对团体的认同、集体思考的压力等团体经验，达到个人生活习惯或态度的自动转变。对于扮演家庭角色有困难者，如养育子女觉得辛苦的在职母亲或是有精神病患或身心障碍子女的父亲或母亲，有病人或老人需要长期在家照顾的家庭主妇们，团体还能够发挥社会支持的作用。

2. 资源链接、社会倡导、政策倡导

除了受家庭内人际关系和沟通状况的影响外，家庭是否能够发挥功能，还受其所处社区的社会环境、社会资源的健全与否等影响。家庭成员是否能够扮演符合期待的家庭角色，与家庭外的各种社会制度和环境，如医疗制度、教育制度、住房制度、经济职业保障、就业环境、生活环境等有密切关系，家庭的福祉受到社区环境和社会制度的影响。家庭服务机构除了本身扮演着改善家庭

---

① 曾华源、高迪理主编：《社会工作概论——成为一位改变者》，台湾洪叶文化事业有限公司2009年版，第70页。

生活环境的角色之外，还与其他的社会机构和制度合作，以改善家庭生活环境，使家庭得到社区中各种制度性资源，使儿童、青少年、妇女、老人、残障人群在社区中的各种福利得到保障。同时，家庭服务机构关心影响家庭福利的经济救助、儿童照顾、老年照护、医疗保健、工作福利等家庭政策，并进行努力倡导，以促使相关政策立法的改变。

3. 改善环境

工作者在为家庭提供服务时，会注重家庭内部动态的关系和家庭成员之间的沟通形态，以及家庭生命周期转变所带来的角色和地位的转变与危机，更重要的是要将这些问题和整个大环境连接，除了运用社会工作的方法和工具解决家庭的问题外，还注意发掘家庭和环境的优势，以协助家庭功能的发挥。此外，重视改善家庭所处的环境，以提供更多支持性的资源给家庭，使家庭更容易实施它的社会功能，健全社会制度，开发新的或扩充社会资源以支持家庭，都是家庭服务很重要的工作方向。

三、家庭服务的原则

家庭服务是一项充满情境性的工作。这是因为家庭本身是一个多元的概念，不同的社会文化和历史背景，决定了对家庭理解上的差别，由此要求中国的家庭服务实践必须从本国的政治、经济、社会、文化情境出发，以对婚姻、家庭本质和中国家庭结构、家庭关系、家庭功能、家庭伦理、家庭文化等的准确把握为基础，才能准确而全面地回应家庭和家庭成员所面临的问题，也才能清楚如何开展专业工作帮助家庭恢复功能、解决家庭问题。

第三节　国内外家庭服务发展概况[①]

一、境外家庭服务发展概况和规律

在欧美主要国家和中国港台地区，家庭服务是一种普遍性的社会服务制度，并形成了以社区为平台，以专业机构为主体，以志愿服务和社区互助为补充的服务机制。欧美国家和我国港台地区家庭服务的内容主要集中于经济或实

[①] 本小节部分内容以编著者署名文章《加强新时代家庭服务体系建设》发表于《中国社会科学报》2019年6月18日第008版。

务援助、家庭咨询、儿童成长支援以及儿童保护、家务助理、家庭生活教育、家庭暴力受害者的庇护服务、家庭危机介入等。

1. 美国的家庭服务发展概况

美国的家庭服务主要由专业的家庭服务机构（Family Service Agency）提供，其服务机制包括政府购买服务和收费性服务两种。20世纪80年代以前，家庭咨询（Family Counseling）、家庭生活教育（Family Life Education）和家庭倡导（Family Advocacy）等构成美国家庭服务的主要内容；80年代以来，随着社会对家庭问题预防的重视，家庭支持服务（Family Support Service）和家庭维系服务（Family Preservation Service）发展成为美国家庭服务的重要内容，运用家庭本身参与服务也受到越来越多的重视。

2. 香港地区家庭服务发展概况

我国香港地区家庭服务发展的步伐伴随其社会工作的专业化和职业化而推进，内容包括婚姻和家庭咨询、家政服务、家庭生活教育、儿童照顾服务等。自2002年以来，逐步建立了以综合家庭服务中心、家庭危机介入中心为载体和平台的家庭服务体系。综合家庭服务中心以为个人和家庭提供"全面、整合和一站式服务"为目标，确立了"儿童为重、家庭为本、社区为基础"的服务模式，并通过家庭资源组、家庭支援组和家庭辅导组分门别类开展具体服务。

3. 台湾地区家庭服务发展概况

我国台湾地区于2004年底颁布《高风险家庭关怀处遇实施计划》，为高风险家庭提供经济援助、亲职辅导、婚姻咨询、情感支持以及危机干预等服务，并在2007年制定了"建构家庭福利服务系统实施计划"，旨在建立一个以家庭为中心、以社区为基础的基层社会福利服务网。值得重点提的是台湾地区的社会支援工作和制度建设工作。社会支援工作主要是社会工作者协助服务对象家庭寻求社会资源，包括社区资源、邻里资源、政策资源等，以使服务对象获得更好的社会适应能力。制度配合主要是从社会制度入手，建立一种针对家庭的社区网状服务体系；倡导各种工商行业和职业的制度也加入为受困家庭提供自身的支持服务。

4. 境外家庭服务发展规律

家庭服务的发展都首先开始于自下而上的民间慈善服务，在英美国家是慈善组织会社和社区睦邻运动，在我国香港是教会和宗教团体提供的救济服务。而后，随着政府在社会福利领域缺位状态的改变和社会对家庭重要性的认识，政府逐渐承担起了发展家庭服务的主导责任，自上而下地从家庭政策建设、服务主体的责任分工、服务对象的确定、人财物资源的支持、服务机制的明确等方面推动家庭服务发展,形成了上至政府部门下至基层社区的系统完备的组织架构和服务内容多样完善的工作体系。

但20世纪80年代以来,伴随福利国家改革和政府在社会福利事务中职责的收缩,欧美国家家庭服务也发生了一些变化,突出表现在对服务对象责任的强调和政府越来越倾向于将直接服务的提供交由专业性社会组织或志愿性团体负责,而把更多精力用于规则制定和运行监管等。

二、境内家庭服务发展概况

境内的家庭服务尚处于初步专业化、非制度化以及有限供给的阶段,但已有学者认识到开展制度化家庭服务的必要性,并提出了发展思路。境内的家庭服务主要包括政府体制内的家庭工作和非政府组织开展的家庭服务。前者主要包括家庭救助、家庭生活服务、家庭教育与培训等;后者主要包括贫困家庭的救济与扶助、家庭心理辅导、家庭能力建设等。①

境内城市家庭服务的主要特点是,在以政府为主导的多元主体的家庭服务体系中,政府相关部门、工青妇和残联等群团组织、专业性社会组织、经营性组织以及一些媒体等分别以不同的方式开展服务,但这些服务表现出专业化制度化不足和市场化倾向等问题,无法满足社会对家庭服务的需要。②虽然这一判断来自于十年前,但对于说明当前的家庭服务依然适用。

针对如何发展家庭服务的问题,有学者追根溯源,以对家庭服务的产生背景和原因、内涵以及实质的准确把握为基础,从家庭研究、家庭政策的落实、家庭服务实践的开展、家庭服务组织与机构的设立、家庭服务人才的培养五个方面粗略提出了我国家庭服务的发展路径。③

家庭研究属于人口学、人类学、社会学和法学的传统内容,家庭研究领域形成了很多优秀的基础性研究成果。近年来,得益于国家自上而下地对家庭建设工作做出指示,很多学科加入到家庭研究的队伍中,家庭研究呈现出蓬勃发

---

① 王思斌、李洪涛:《社会工作专题讲座第十四讲:家庭社会工作》,载《社会工作(实务版)》2010年第2期。

② 佟新:《对中国城市发展家庭社会工作的思考》,载《山西师大学报(社会科学版)》2009年第6期。

③ 赵芳:《家庭社会工作的产生、实质及其发展路径》,载《广东工业大学学报(社会科学版)》2013年第3期。

展的态势,并且表现出服务于应用的特点。

家庭政策方面,构建家庭友好型社会也已经进入专家、相关行政部门和决策者的视野,① 相信在不久的将来,我们的家庭政策体系将越来越完善。家庭服务实践方面,广州市学习香港经验,以街道层面的家庭综合服务中心作为平台,以政府购买专业性社会组织的服务作为运作机制,推动家庭服务走向制度化。② 上海市也在推动家庭服务发展方面做了一些探索,比如出台支持政策、加强专业人才培养、培育专业服务机构、加强支持体系建设等。③ 广州和上海的家庭服务实践在社会组织发展、政社合作等方面形成了初步经验。④

第四节 我国发展家庭服务的意义、路径和组织基础

一、我国发展家庭服务的意义和路径

1. 我国发展家庭服务的意义

20世纪80年代以来,随着中国由传统农业社会向现代工业社会的快速转型,作为初级组织和社会制度的家庭发生了重大变化。在中国社会进行工业化、城市化、现代化的过程中,受经济发展、人口流动、计划生育政策、社会政策以及大众传媒普及的影响,普通人的家庭生活和家庭观念受到了多方面冲击,家庭功能、家庭结构、家庭关系发生了全面转变,并引发了诸多家庭问题,客观上产生了对家庭服务的需要。

新时期,一方面,人口快速老龄化和全面放开二孩政策客观上催生新的家庭压力和家庭问题,使得儿童照料、老年人护理、家庭关系调适以及家庭教育指导等成为城乡家庭的普遍需求,进而对常规化、制度化的家庭服务供给提出

---

① 中国妇女报:《多位专家共议落实"三个注重"应以构建家庭友好型社会为目标》,见http://www.cnwomen.com.cn/2019/12/10/99184390.html;《构建家庭友好型社会 社会治理纳入"家"视角——2019十大家庭事件回顾》,见http://www.cnwomen.com.cn/2020/01/06/99187411.html。

② 雷杰、罗观翠、段鹏飞、蔡禾等:《探索·回顾·展望:广州市政府购买家庭综合服务分析研究》,社会科学文献出版社2015年版。

③ 谭丽、于乐峰:《上海市家庭社会工作发展研究》,载《山东女子学院学报》2011年第3期。

④ 唐灿:《中国家庭服务体系显露雏形》,载《中国社会科学报》2017年8月16日第006版。

更高要求;另一方面,党的十九大报告明确了新时代"我国社会主要矛盾已经转化为人民日益增长的美好生活需要和不平衡不充分的发展之间的矛盾",党和国家对增进民生福祉和促进家庭建设给予更多重视,为回应家庭需求、构建制度化家庭服务体系提供了良好机遇。

在此背景下,研究当代家庭问题和家庭需求,并以此为基础提出构建城乡家庭服务体系的思路具有重要的现实意义。

2. 我国发展家庭服务的路径

由上文可以看到,与欧美国家和我国港台地区将家庭服务作为普遍的社会服务制度形成对照,中国内地(大陆)家庭服务的制度化和系统化程度还比较低,其他国家和地区家庭服务发展的历史和实践开展的经验,对于我国构建适应国情的城乡家庭服务体系具有重要的参考意义。

但参考不等于照搬。一方面,历史文化背景和社会发展阶段的差距使得当前我国城乡家庭的家庭问题和家庭需求表现出其自身的特殊性;另一方面,国家治理体系也存在社会制度和公共治理模式的国别差异。这些都使得我国家庭服务体系的构建必然有别于其他国家和地区。

二、我国与家庭服务提供相关的官方机构

家庭服务的主体,包括各级政府相关部门和群团组织、专业性社会组织、社区组织以及志愿性组织等。这里重点介绍承担了家庭服务政策制定和部分直接服务职能的机构。

1. 国务院妇女儿童工作委员会

我国在1990年的时候就在国务院成立了妇女儿童工作协调委员会,成为国务院负责妇女儿童工作的议事协调机构。1993年,国务院妇女儿童工作协调委员会更名为国务院妇女儿童工作委员会,性质属于国务院负责妇女儿童工作的议事协调机构,主要职责是协调和推动政府有关部门执行妇女儿童的各项法律法规和政策措施,发展妇女儿童事业。

国务院妇女儿童工作委员会的组成单位涵盖了中央宣传部、中央网信办、外交部、发展改革委、教育部、科技部、工业和信息化部、国家民委、公安部、民政部、司法部、财政部、人力资源社会保障部、自然资源部、生态环境部、住房和城乡建设部、交通运输部、水利部、农业农村部、商务部、文化和旅游部、卫生健康委员会、应急部、市场监管总局、广电总局、体育总局、统计局、医保局、扶贫办、全国总工会、共青团中央、全国妇联、中国残联、中国科协、中国关心下一代工作委员会等35个部委和人民团体。

国务院妇女儿童工作委员会的基本职能包括，"协调和推动政府有关部门做好维护妇女儿童权益工作"；"协调和推动政府有关部门制定和实施妇女和儿童发展纲要"；"协调和推动政府有关部门为开展妇女儿童工作和发展妇女儿童事业提供必要的人力、财力、物力"；"指导、督促和检查各省、自治区、直辖市人民政府妇女儿童工作委员会的工作"等。

作为国务院议事协调机构，国务院妇女儿童工作委员会在男女平等基本国策的落实、儿童优先理念的宣传、妇女儿童合法权益的保护、《两纲》(《中国妇女发展纲要》《中国儿童发展纲要》)的制定和实施等方面发挥了作用。

2. 全国妇联

妇联并不属于政府机构，其性质是人民团体。全国妇联的机构性质是"全国各族各界妇女为争取进一步解放与发展而联合起来的群团组织，是中国共产党领导下的人民团体，是党和政府联系妇女群众的桥梁和纽带，是国家政权的重要社会支柱"。

全国妇联作为党领导下的人民团体，其工作任务之一即"代表妇女参与管理国家事务、管理经济和文化事业、管理社会事务，参与民主决策、民主管理、民主监督，参与有关法律、法规、规章和政策的制定，参与社会治理和公共服务，推动保障妇女权益法律政策和妇女、儿童发展纲要的实施"。换句话说，全国妇联本身虽然没有立法权力，但是能够通过参政议政呼吁、推动和参与相关法律、法规、政策的制定。比如《中华人民共和国反家庭暴力法》的出台，《中国妇女发展纲要》《中国儿童发展纲要》的发布等，全国妇联和地方妇联都在其中发挥了重要作用。

除了参与立法外，妇联在发挥民主监督、推动保障相关法律、法规、政策实施以及直接提供服务等方面都发挥重要的作用。全国妇联通过"团结动员妇女投身改革开放和社会主义经济建设、政治建设、文化建设、社会建设和生态文明建设，注重发挥妇女在社会生活和家庭生活中的独特作用""倾听妇女意见，反映妇女诉求，向各级国家机关提出有关建议，要求并协助有关部门或单位查处侵害妇女儿童权益的行为，为受侵害的妇女儿童提供帮助""推动落实男女平等基本国策，营造有利于妇女全面发展的社会环境""组织开展家庭文明创建，支持服务家庭教育""关心妇女工作生活，拓宽服务渠道，创新服务方式，建设服务阵地……联系和引导女性社会组织，加强与社会各界的协作"等全面保障妇女儿童权益、促进妇女儿童发展、维护家庭和谐、促进家庭文明和社会进步。

3. 民政部

民政部作为国务院组成部门，主要负责"贯彻落实党中央关于民政工作的方针政策和决策部署"，工作内容除了负责相关政策、法规、规划的拟订之外，还直接负责部分社会福利制度的落实和管理。

民政部下设的和家庭以及家庭服务相关的部门有：政策法规司、社会救助司、养老服务司、儿童福利司、社会事务司、社会组织管理局、中国儿童福利和收养中心、海峡两岸婚姻家庭服务中心、民政部低收入家庭认定指导中心等。

民政部工作职责中和家庭成员以及家庭服务相关的部分包括："拟订社会团体、基金会、社会服务机构等社会组织登记和监督管理办法并组织实施，依法对社会组织进行登记管理和执法监督""拟订社会救助政策、标准，统筹社会救助体系建设，负责城乡居民最低生活保障、特困人员救助供养、临时救助、生活无着流浪乞讨人员救助工作""拟订婚姻管理政策并组织实施，推进婚俗改革""拟订殡葬管理政策、服务规范并组织实施，推进殡葬改革""统筹推进、督促指导、监督管理养老服务工作，拟订养老服务体系建设规划、政策、标准并组织实施，承担老年人福利和特殊困难老年人救助工作""拟订残疾人权益保护政策，统筹推进残疾人福利制度建设和康复辅助器具产业发展""拟订儿童福利、孤弃儿童保障、儿童收养、儿童救助保护政策、标准，健全农村留守儿童关爱服务体系和困境儿童保障制度""拟订社会工作、志愿服务政策和标准，会同有关部门推进社会工作人才队伍建设和志愿者队伍建设"等。

由此可见，民政部在社会救助、养老服务、儿童福利、残疾人福利、社会组织管理等家庭服务相关的制度建设和服务实施中扮演了重要角色。

4. 卫生健康委员会

卫生健康委员会由原来的卫生部和人口与计划生育委员会合并而成。卫生健康委员会同样是国务院组成部门，主要负责"贯彻落实党中央关于卫生健康工作的方针政策和决策部署"。

卫生健康委员会下设的和家庭以及家庭服务相关的部门有：法规司、疾病预防控制局、基层卫生健康司、老龄健康司、妇幼健康司、人口监测与家庭发展司等。法规司职责是"组织起草法律法规草案、规章和标准，承担规范性文件的合法性审查工作，承担行政复议、行政应诉等工作"。疾病预防控制局职责是"拟订重大疾病防治规划、国家免疫规划、严重危害人民健康公共卫生问题的干预措施并组织实施，完善疾病预防控制体系，承担传染病疫情信息发布工作"。基层卫生健康司职责是"拟订基层卫生健康政策、标准和规范并组织实施，指导基层卫生健康服务体系建设和乡村医生相关管理工作"。老龄健康司职责是"组织拟订并协调落实应对老龄化的政策措施。组织拟订医养结合的政策、标准和规范，建立和完善老年健康服务体系。承担全国老龄工作委员会的具体工作"。妇幼健康司职责是"拟订妇幼卫生健康政策、标准和规范，推进妇幼健康服务体系建设，指导妇幼卫生、出生缺陷防治、婴幼儿早期发展、人类辅助生殖技术管理和生育技术服务工作"。人口监测与家庭发展司职责是"承担人口监测预警工作并提出人口与家庭发展相关政策建议，完善生育政策并组织实施，建立和完善计划生育特殊家庭扶助制度"。

通过这些部门职责可以看出，和卫生健康委员会相关的家庭服务主要集中于疾病预防服务、国民健康服务、医养结合老年服务、妇幼保健服务以及计生特殊家庭扶助服务等。

第三章 家庭服务的理论基础

与社会工作的其他实务领域一样,家庭服务是一项充满情境性的工作。这是因为家庭本身是一个多元的概念,不同的社会文化和历史背景,决定了对家庭理解上的差别,并由此要求中国的家庭服务实务必须有足够宽广的理论视野,以全面回应家庭和家庭成员所面临的问题。接下来将和大家一起学习家庭发展理论、家庭生态理论、家庭系统理论、家庭压力和家庭危机理论以及社会性别视角等在当前家庭服务实务中广泛应用的理论和视角。①

第一节 家庭发展理论

相信很多人看过张国立和蒋雯丽主演的电视剧《金婚》,这部电视剧很长。一方面是说故事横跨的历史时期很长,长达50年;另一方面是说电视剧很长,长达50集。故事开始于1956年,由蒋雯丽饰演的年轻漂亮的小学数学老师文丽和张国立饰演重型机械厂的青年标兵技术员佟志结为夫妻。年轻的时候,他们是一对欢喜冤家,他们从性格到生活习惯格格不入,又早早为人父母,为了要儿子一连生了四个孩子。婚姻生活中从衣食住行到子女教育到婆媳关系再到性关系,处处矛盾。中年时,他们进入了婚姻疲惫期,夫妻之间沟通越来越少,经常陷入更危险的冷战之中,夫妻关系从冷漠到冷战到大打出手,甚至出现了婚外恋的苗头,婚姻似乎走到尽头。老年时,他们进入婚姻牢固期,文丽得了重症在生死线上徘徊,三个女儿情感婚姻都不顺利,而最受宠爱的独子意外去世,最终两个人彼此关爱相互扶助支撑他们度过人生最黑暗的岁月,牵手走进金婚。

---

① 本章部分内容以编著者署名文章《家庭社会工作实务的理论视野》发表于《人口与社会》2016年第2期。

在这部电视剧中，50 年的历史跨度既记录了中国社会的巨大变迁，也记录了婚姻家庭生活中的跌宕起伏，向我们全面地呈现了家庭在不同的发展阶段，分别面临什么样的发展任务和家庭压力，对于我们理解家庭生命周期以及家庭发展理论具有重要的参考意义。那么，家庭发展理论的具体内涵什么？它对于我们开展家庭服务的指导意义是什么呢？

一、家庭发展理论概述

家庭发展理论是研究家庭的一种方法，对于揭示家庭的动态性质和家庭生命周期各阶段的变化是如何发生的非常有用。

1. 家庭发展理论的发展

家庭发展理论最早可以追溯到 20 世纪 30 年代社会学家、经济学家和人口学家的著作，他们对家庭进行了分类，从 20 世纪 40 年代中期到 20 世纪 50 年代初，保罗·格里克、伊夫林·杜瓦尔、鲁宾·希尔和瑞秋安·爱德华兹等理论家都分别为丰富这一理论做出了贡献。自 20 世纪 50 年代起，家庭发展理论被用于解释随着时间推移在家庭中观察到的变化过程。

早期的家庭发展理论家专注于家庭生命周期，即揭示家庭从出生、成长、保持、收缩直至消亡的全过程。当代家庭发展理论家把更多注意力投在了家庭内部角色和关系的研究上，旨在探究家庭以及家庭每个阶段的社会角色和过渡期的关系。

此外，也有研究者也对家庭发展理论局限于完整的核心家庭的框架提出了批评，因为家庭发展理论的基本假设是每个家庭都要经历许多同类型、同性质的事件，比如结婚和生育，而实际上现实的家庭类型要丰富得多。

2. 家庭发展理论的观点

家庭发展理论认为，对于家庭来说，家庭成员的年龄并不重要，重要的是家庭发展阶段。家庭本身是一个动态的存在，随着时间推移，家庭和家庭成员需要不断地从一个家庭阶段过渡到下一个家庭阶段，每个阶段有每个阶段的任务和挑战，只有完成了相应阶段的发展任务，家庭以及家庭成员才能够顺利进入下一个家庭阶段。但实际上，受各种主客观条件的限制，大多数家庭在发展过程中都会面临各种各样的问题，或者无法圆满完成发展任务为进入下一家庭阶段做好准备，或者无法顺利实现过渡进入下一个家庭阶段。

因此，从社会工作角度讲，有必要通过家庭服务帮助家庭完成发展任务和家庭阶段间的过渡。

二、家庭的生命周期

1. 家庭生命周期的含义

家庭生命周期(family life cycle)是指从夫妇通过婚姻形成家庭开始,经历扩充、扩充完成、收缩、收缩完成等阶段,直至解体消亡的动态发展过程。

早在1931年P.索诺金等就已经提出家庭生命周期的概念,并划分出主要的家庭阶段。在此之后,人口学家保罗·格里克(1947)和社会学家伊夫林·杜瓦尔(1950)进一步发展了家庭生命周期理论,并将其应用于分析家庭人口过程。

2. 家庭生命周期阶段的划分[①]

关于家庭生命周期阶段的划分,经历了一个发展变化的过程。P.索诺金最早将家庭生命周期划分为四个阶段,分别是:

第一阶段,夫妻开始一起生活的阶段;

第二阶段,夫妻和幼小子女一起生活的阶段;

第三阶段,子女中相继自立先后离开家庭阶段;

第四阶段,子女全部独立生活后的老年夫妻阶段。

此后,不同的研究者根据各自的研究目的,对家庭生命周期主要阶段做过不同的划分。其中,影响最大的是杜瓦尔(1950)的八阶段划分法。此外,格里克(1977)从人口学研究的需要出发,提出了家庭生命周期的五阶段说。需要指出的是,无论哪一种划分法,都是以核心家庭为研究对象的。

杜瓦尔将家庭生命周期划分为八个阶段,分别是:

第一阶段,无子女的已婚夫妇阶段,2年左右;

第二阶段,育儿阶段,从第一个孩子出生到其满30个月之前;

第三阶段,有学龄前儿童的阶段,最大的孩子2~6岁期间;

第四阶段,有学龄儿童的阶段,最大的孩子6~13岁期间;

第五阶段,有青少年的阶段,最大的孩子13~20岁期间;

第六阶段,子女离开家的阶段,从第一个孩子离家到最后一个孩子离家;

第七阶段,中年家庭阶段,从"空巢"到退休;

第八阶段,老年家庭阶段,从退休到夫妇双方相继离世阶段。

格里克以人口学研究的问题为出发点,提出以"婚姻-母亲"模式将家庭生

---

① 李竞能:《现代西方人口理论》,复旦大学出版社2004年版,第237-238页。

命周期划分为五个阶段,并指出相应的标志性事件,分别是:第一阶段,组成家庭,初婚;第二阶段,开始生育,头胎婴儿出生;第三阶段,结束生育,末胎婴儿出生;第四阶段,空巢家庭,最后一个孩子离家;第五阶段,家庭解体,夫妇一方死亡。格里克的家庭生命周期划分法被广泛应用于美国人口学研究领域。

三、家庭阶段与发展任务

从功能论的角度讲,家庭是用来满足人的需要的,包括生理需要、情感需要、自我价值感等,因此,在家庭生命周期的不同阶段(Stage)家庭及其成员需要完成不同的发展任务(Tasks)。杜瓦尔除了将家庭生命周期划分为八个阶段之外,还进一步提出了每个阶段的发展任务。发展任务是在家庭发展的不同阶段出现的相应的责任,为了确保家庭生存和运行良好,家庭成员需要不断地调整自己、适应变化、承担必要的任务。

科林斯等人综合前人的研究,从家庭发展的时代特点出发,梳理出西方家庭生命周期的八个阶段,并汇总整理出了每个阶段的家庭任务(见表3-1)。

表 3-1　　家庭发展阶段与发展任务

家庭发展阶段	家庭发展任务
1. 婚姻/配对/双人联接关系	对此段关系有承诺 拟定角色和规则 成为一对伴侣,同时与原生家庭分离 针对具体个人需求进行妥协和商量
2. 有幼童的家庭	让婚姻体以三人形式重新稳定下来 和孩子建立情感联接,让孩子融入家庭 彼此重新整顿关系,在工作或职涯和家务等方面下决定
3. 有学龄儿童的家庭	让孩子有更多的自主性 开放家庭界限以适应新的社会机构和新的人 了解并接受角色的改变
4. 有青少年的家庭	透过适当的界限调整,处理青少年对独立的要求 适应一套个人自主性的新定义 规则的改变、设定界限,以及针对角色进行协商

续表

家庭发展阶段	家庭发展任务
5. 年轻人离家的家庭	透过求学和职业技能养成，让年轻人做好独立生活的准备 接受和促进年轻人的自给自足
6. 回巢阶段	家庭重新调试，以接纳成年孩子的返家 处理配偶之间的议题 重新商量个人和物质空间 重新商量角色职责
7. 中年家庭阶段	适应不以孩子为中心的新角色与关系
8. 老年家庭阶段	涉入孙辈及其另一半的生活 处理老化的议题与困境 努力维持尊严、意义和独立自主

资料来源：Donald Collins、Catheleen Jordan、Heather Coleman：《家庭社会工作》，魏希圣译，台湾洪叶文化事业有限公司2013年版，第102页。

四、家庭阶段间的过渡

除了不同的家庭发展阶段可能面临不同的家庭问题外，家庭阶段过渡期往往也是家庭问题高发的时期。过渡/转换（transition）是指从一个家庭阶段向下一个家庭阶段的转变。在一个完整的家庭生命周期中，每个家庭阶段都有相应的发展任务，从一个家庭阶段过渡到下一个家庭阶段通常意味着家庭成员必须做出调整以迎接新的发展任务。但是，受经济社会资源限制以及家庭成员身心调适能力等主客观因素影响，家庭过渡到一个新阶段通常会伴随着某些或大或小的危机。例如，家庭从有青年少的阶段过渡到孩子们相继离家的阶段的过程中，无论是已经离家的、准备离家的还是留在家里的家庭成员都需要做出调整，以适应家庭的变化。如果发生离开父母的年轻人很长时间还没有学会独立生活，或全职妈妈不能够接受成年子女的离开等情况，那就可能出现家庭成员间互动的错位，甚至导致家庭关系失控。因此，在家庭发展阶段间的过渡期，除了要求家庭成员有一定的调适能力之外，对环境的支持有一定要求。

五、家庭发展理论与家庭服务

家庭发展理论对于家庭服务最大的意义在于揭示了一般家庭的生命周期

规律，指出不同家庭阶段的家庭任务，为家庭服务的开展提供了规律性的参考，并有利于社会工作者明确干预的方向和重点。从家庭生命周期角度理解家庭，可以发现不同阶段的家庭关系和行为规范某种程度上会以可预测的方式产生改变，这是家庭服务开展的基础。这是因为虽然很难预测某特定事件在特定家庭的发生方式，但却可以很容易明确家庭在生命历程中可能遭遇的危机类型。换句话说，虽然不同家庭对生活事件的反应不同，但一般家庭都会遭遇家庭成员生老病死等类似的发展危机。在家庭发展的不同阶段，必然会有不同的发展议题、任务和需要解决的潜在危机。这些关于家庭生命周期的知识有助于社会工作者聚焦于家庭的困境，并锁定那些有助于家庭脱离困境的改变。

此外，家庭阶段的过渡期概念能够帮助工作者了解在哪些关键点上需要帮助家庭成员作出调适。两个家庭发展阶段的过渡往往会加剧家庭压力，每个家庭都会以独特的方式应对压力。但是，并不是所有家庭都能够发展出相应的问题解决技巧、策略和支持系统。对于无法独立应对压力和危机的家庭，需要工作者提供给他们所需要的知识、技巧、策略和支持。

概而言之，家庭发展理论为工作者理解家庭和进行家庭干预提供了一个纵向的维度。工作者干预的重点包括两个方面：一个是回应家庭不同发展阶段出现的家庭角色、关系的失调等问题，帮助家庭完成相应家庭阶段的发展任务；一个是帮助家庭获得家庭阶段的过渡期角色和关系调适的技巧、策略以及外部支持。

第二节 家庭生态系统、家庭系统理论

如果说家庭发展理论为认识家庭和开展家庭服务提供了一个纵向的视角，那么家庭生态系统理论则打开了理解家庭以及解决家庭问题的平面视框。作为最小的社群单位，家庭不是孤零零的存在，而是包裹在更大的社会系统之中，即家庭有其存在于其中的生态系统。此外，家庭本身即是一个系统性的存在，在其中还有更微观的彼此关联的次系统。因此，家庭不仅是一个动态的纵向的存在，而且是一个关系的横向的存在，对于理解家庭和开展家庭服务来说，二者缺一不可。

互联网曾经发过这样一组图片："来自世界各地7个富人与穷人的家庭生

活对比",并配了以下图片说明。①

第一组是来自布隆迪的 Butoya 家族收入:每月 27 美元(约 173 元人民币)。关于这个家庭图片的介绍是"41 岁的单身母亲伊梅尔达是一位农民。在她的两室房子里没有水和电。这位女性在食物上花费了收入的 80%。这个家庭梦想这拥有一个普通的房子"。

第二组图片是菲律宾的 Gegoter 家庭:收入是每月 194 美元(约 1244.7 元人民币)。关于这个家庭图片的介绍是"40 岁的利奥是一名伐木工人和农民。他出生后就住在这所房子里。利奥的妻子,36 岁的玛丽亚,无业。他们有 3 个儿子。将收入的 50% 用于食物。现在利奥和玛丽亚收集了建造新屋顶的钱,他们梦想着一座新大房子"。

第三组图片是俄罗斯的 Kirina 一家,收入:每月 578 美元(约 3708 元人民币)。关于这组图片的介绍是"60 岁的养老金领取者瓦西里和 57 岁的社会教育家 Olga 与 17 岁的女儿学生 Varvara 一起生活。在他们的公寓有 2 间卧室。家庭在食物上花费了收入的 70%。他们计划购买一台液晶电视,梦想一间新的公寓"。

第四组图片是巴西的 Hilgestyiler 家庭,收入:每月 956 美元(约 6134 元人民币)。关于这组照片的介绍是"28 岁的 Vitor 是一名机械师,37 岁的 Shelina 则从事销售。这对夫妇有一个 4 岁的女儿海伦娜。这个家庭住在 3 间卧室的房子里。他们将 40% 的收入用于食物,他们梦想着购买汽车"。

第五组图片是法国的 Moulefera 家庭,收入:每月 2895 美元(约 18575 元人民币)。关于这组图片的介绍是"42 岁的技术员 Simo 和 39 岁的建筑师 Caroline 有 2 个孩子。这个家庭住在拥有 4 间卧室的自己的房子里。每月 Simo 和 Caroline 的食品支付的 600 美元的信用金额,他们花费了 30% 的收入,能负担得起假期花费,并且不省钱"。

第六组图片是瑞典的 Vastibakin 家庭,收入:每月 4883 美元(约 31330 元人民币)。关于这组图片的介绍是"35 岁的乔纳斯和他 38 岁的妻子图瓦是管理人员。这对夫妇有 2 个儿子。他们住在拥有 4 间卧室的自己的房子里,他们将 30% 的收入用于食物。乔纳斯和图瓦喜欢旅行,他们为新车节省开支。在房子里最有价值的东西被认为是一个家庭相册"。

从这些说明可以看到,不同环境下的人们对生活的期望很不相同。这是因为他们生活的现实基础很不相同。家庭不是存在于真空中的,而是实实在在地

---

① http://baijiahao.baidu.com/s?id=1601827430922894437&wfr=spider&for=pc.

嵌入于真实的社会空间，国别、种族、阶级、族群很大程度上决定了一个家庭总体的社会处境，也形塑了一个家庭内部的互动模式。最近几年美国学者安妮特·拉鲁的《不平等的童年：阶级、种族与家庭生活》一书在中国很畅销，从这本书中，我们同样看到家庭所处的社会经济地位和文化环境对于个体成长的重要影响。对于工作者而言，只有准确把握家庭所处的生态系统以及家庭内部的互动关系，才能够更好地理解家庭的问题、局限、优势等，也才能更好地协助家庭解决家庭问题，增强家庭功能。

一、家庭生态系统

1. 生态理论视角下的家庭

生态系统是从生物学借用来的概念，生态系统理论认为，有机体或有生命力的系统与其所处环境维持着持续、交流的关系，生命体会根据环境的变化调整自身以适应环境，与此同时，也会改变环境以满足其演化的需求。从生态系统理论出发理解家庭，不仅家庭本身是个系统，而且家庭和环境构成一个大系统，这就是家庭生态系统。家庭的问题和需要是家庭生态系统各部分交流的结果，要理解家庭与家庭成员生活功能的发挥状况，必须从其与之所在环境的不同层次之间的关联系统切入。

家庭所置身的环境由物理环境和社会环境两部分构成。物理环境主要包括自然存在的土地、空气、动植物等自然环境和人造环境；社会环境主要指邻里、同辈、社区、学校、单位、公共服务机构、法律风俗等社会网络、社会组织和制度政策。家庭生态系统理论认为：当环境有丰富的资源，能够满足家庭及其成员发展的需要时，家庭就会运作良好；反之，当环境资源匮乏时，家庭功能的发挥就会受到限制。此外，家庭为了满足其需要，会主动改变其所处的环境，同时，也会在与环境的互动中不断自我调整以适应环境。可见，一方面，环境很大程度上决定了家庭的处境，资源丰富的环境更有利于家庭的发展，而缺乏支持性的环境会使家庭更容易陷入困境而无法自拔；另一方面，家庭与环境之间是一种互相适应互为改变和塑造的关系。

2. 什么是家庭生态系统

家庭生态系统可以看作是由不同的层次和系统构成的层层相扣的巢状结构。身处巢的中心位置的是个人；直接包裹个人的是其家庭，包括核心家庭系统和扩大家庭系统；家庭系统之外是更为广阔的社会环境，包括邻里、社区、国家构成的大社会系统和同辈群体构成的小社会团体系统、学校系统、工作系统、宗教系统、结社系统、公共服务系统、娱乐系统以及制度系统等；再之外就是由自然环境和人造环境构成的物理环境。这便是家庭生态系统的全貌（见图3-1）。巢状结构的不同层次、不同系统之间互相影响，每一部分都会受其他部分的限制，每一部分也都可能被其他部分所改变。

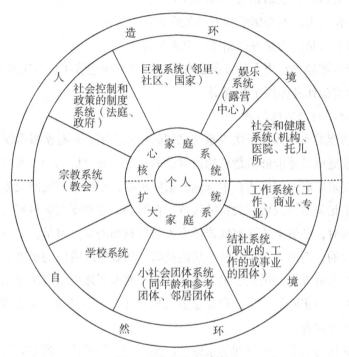

图3-1　家庭生态系统图

资料来源：谢秀芬：《家庭与家庭服务》，台湾五南图书出版公司1982年版，第71页。

二、系统视角下的家庭

1. 家庭系统是什么

家庭是复杂的宏观生态系统的一部分，与环境之间进行着持续互动，与此同时，家庭本身也是一个系统，并包含多个相互作用的次级系统。除了家庭成员个人系统之外，家庭中还包括基于夫妻关系、亲子关系、手足关系、代际关系等而形成的其他次级系统。这些次级系统相互作用，每一个系统的改变都会影响到另一个，而受影响的那一个又会反作用于影响它的系统，这种相互作用引致了系统之间的相互依赖。因此，家庭是一个由相互作用相互依赖的次级系统构成的整体。与此同时，由于家庭结构、社会经济地位、所处社会文化环境的差异，不同的家庭会发展出不同的角色分工、家庭规则、互动模式以及价值观念等，因此，每个家庭都是独特的系统，并以不同的方式影响其次级系统。

Collins著等人总结出构成家庭系统概念的六个核心元素，包括：①

(1)家庭的整体大于其部分的综合；
(2)家庭试图在变动和稳定间取得平衡；
(3)一位家人的改变影响所有其他家人；
(4)家庭成员行为最好以循环因果来解释；
(5)家庭被涵盖在更大的社会系统中，而且其中包含了许多次级系统；
(6)家庭运作遵循固定的规则。

2. 家庭系统与家庭问题

家庭功能的实现仰赖于次级系统之间的相互作用，只有次级系统之间的界限清楚，家庭成员才能够清楚地知道自己的角色，并以恰当的方式与其他人互动。这就要求家庭发展出适合本家庭的家庭规则，形成本家庭的夫妻关系、亲子关系、手足关系以及代际关系的规范。良好的家庭规则在满足家庭对于秩序的追求的同时，必然会兼顾家庭成员个人的权利和需要。但是，家庭规则不应是一劳永逸的，而应是一个变动不居的范畴，随着家庭阶段的推进、生命事件的发生以及家庭成员的进进出出，家庭规则必然需要适应家庭次级系统的调整而不断发展。但实际的情形往往是家庭规则过于坚硬，不能够适应家庭变化，从而产生家庭问题。

谢秀芬认为从系统视角理解家庭可以使社会工作者认识到家庭的具体组织方式有其缘由，所有家庭都是社会系统，在其中家庭成员相互依赖，并形成可预测的行为方式，这有利于帮助社会工作者看出问题是如何从家庭关系和沟通中产生的。基于这一认识基础，她归纳出常见的家庭沟通问题类型，包括混乱的沟通类型、压抑的沟通类型、忧愁的沟通类型、神经的沟通类型、精神分裂的沟通类型、消息交换的沟通类型、理智说明的沟通类型等。②

三、生态系统取向的家庭服务

生态系统取向是目前得到国内外学者普遍认可的家庭服务模式。按照生态

---

① Donald Collins、Catheleen Jordan、Heather Coleman：《家庭社会工作》，魏希圣译，台湾洪叶文化事业有限公司2013年版，第67页。
② 谢秀芬：《家庭与家庭服务》，台湾五南图书出版公司1982年版，第80-82页。

系统的观点,对于家庭压力的归因和解决可以从三个方面入手(见图3-2),分别是:

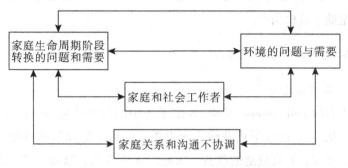

图3-2 生态系统取向的家庭服务模型

资料来源:谢秀芬:《家庭与家庭服务》,台湾五南图书出版公司1982年版,第62页。

(1)家庭阶段的过渡带来的问题和需要;
(2)环境的压力;
(3)家庭互动关系和沟通问题。

关于环境的压力,一方面某些家庭危机可能直接由环境压力所致,比如失业;另一方面冷漠甚至敌意的环境有可能加剧家庭所承受的压力。因此,在家庭和环境中适当的社会支持系统之间建立桥梁,是生态系统取向家庭服务的核心要素。此外,针对家庭互动关系和沟通问题,工作者干预的焦点是了解清楚家庭次级系统之间是如何互动以及相互影响,并进而形成固定的家庭规则的,这是协助家庭成员打破已有的家庭模式和重塑家庭规则并进而解决家庭问题的前提。

在生态系统取向的家庭服务中,家谱图和家庭生态图是两个非常有用的工具。家谱图可以帮助工作者快速清晰地理清家庭的结构、家庭的社会经济地位、家庭关系以及重要的家庭事件等。而家庭生态图相对全面地呈现家庭的外部动力和家庭与环境间的互动,反映家庭和外部生态系统的关系,包括可资利用的资源和潜在的威胁。我们将会在后面介绍这两个工具。

第三节 家庭压力、家庭危机与压力应对理论

不知大家生活中是否有过这样的经验,平时看起来处处与人为善、彬彬有

礼一个人，某一天突然在公众场合情绪失控，因为一点小事与人激烈地争端起来。发生这种情况时，人们的一般反应是惊讶或者指责，很难做到理解、接纳，并进一步探寻他/她情绪失控的原因。但事实上，可能他/她正面临严重的压力，甚至处于危机当中。

一、家庭压力和家庭危机

1. 什么是家庭压力

家庭压力（Family Stress）是指"家庭系统中的压力或紧张，指一个稳定的家庭受到干扰"，[1] 这些干扰被称为压力源，包括家庭成员的身心健康改变、家庭结构的改变、家庭境遇的改变、家庭习惯的改变、家庭互动形态的改变、家庭外部环境（政治、经济、社会、文化）的改变等。当家庭压力发生时，家庭"系统是处在低潮、有压迫的、扰乱的和没有静止的情境之中"[2]。

家庭压力本身是一个中性的概念，但是家庭对于压力的认知会决定家庭成员的应对。

2. 什么是家庭危机

所谓家庭危机是指由家庭压力所引发的作为家庭的基本组织形态，家庭固有的功能、家庭成员的责任义务的实现、家庭成员的共同生活目标、家庭内正常人际关系的维持等衰退，家庭成员之间出现冲突、对立、分化，人性疏离，异常现象等，引起家庭构成组织的不调和与家庭功能障碍的现象。[3]

布思（Boss）将家庭危机比喻为"如同一座桥梁将要倒塌，其结构将被破坏且不再具有功能，不能提供支持或是保持界限"[4]。

家庭危机的评价指标包括：[5]

（1）家庭成员无法完成一般角色和任务；

（2）家庭成员没有能力做决定和解决问题；

（3）家庭成员没有能力以平常的方式照顾其他每一个人；

---

[1] Boss Pauline：《家庭压力管理》，周月清等译，台湾桂冠图书公司1994年版，第5页。

[2] Boss Pauline：《家庭压力管理》，周月清等译，台湾桂冠图书公司1994年版，第50页。

[3] 朱东武、朱眉华：《家庭社会工作》，高等教育出版社2011年版，第54页。

[4] Boss Pauline：《家庭压力管理》，周月清等译，台湾桂冠图书公司1994年版，第54页。

[5] Boss Pauline：《家庭压力管理》，周月清等译，台湾桂冠图书公司1994年版，第54页。

(4)家庭的焦点从原来的家庭整合而转移到个别成员的生存。

布思(Boss)认为，家庭危机只是暂时停止了家庭的原动力，而不是永久地破坏了家庭系统。每个家庭都有自身应对危机的资源，即抗逆力(Resilience)，这些资源可能是家庭的信念体系，也可能是家庭的组织模式或沟通过程等其他的资源。当家庭经过共同努力度过危机后，家庭系统会变得更加有韧性。

二、家庭压力理论

家庭压力理论认为，压力及其作用部分依赖于个人或家庭对压力源的认识，换句话说，一个人对变化的认识影响到压力的程度，研究表明只要压力不是太大，人们是可以从压力中吸取经验的。鲁宾·希尔(Reuben Hill)的研究发现，压力的程度与压力的起因、对变化的认识、资源以及应对机制有关，一般规律是拥有较多应对资源或者对改变持积极态度的家庭感受到的压力较小。

1. 家庭压力的 ABC-X 概念框架

希尔(Hill)构建了 ABC-X 概念框架，A 表示产生压力的事件和压力源，B 表示家庭的资源和力量，C 表示家人对事件的定义和认知，X 表示经由 A、B、C 互动产生的结果，即导致的压力程度或家庭危机。

希尔(Hill)认为，家庭压力是否会发展为家庭危机，其历程如图 3-3 所示：A(压力事件发生或情境出现)，B(家庭应对压力的资源)，C(家庭对压力事件的感知和评价)，由此得到 X(家庭压力的程度究竟是轻微压力，还是家庭危机)。

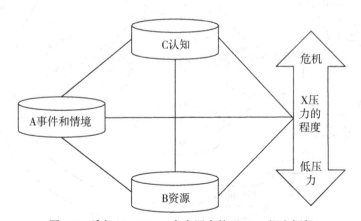

图 3-3　希尔(R. Hill)：家庭压力的 ABC-X 概念框架

资料来源：Boss Pauline：《家庭压力管理》，周月清等译，台湾桂冠图书公司 1994 年版，第 36 页。

从今人的眼光看来，希尔的家庭压力模型留下一个值得探讨的地方是家庭应对压力的资源和家庭对压力事件的感知和评价之间有没有关系？如果有的话，是什么关系？我们如果采用生态系统取向，会认为 B（家庭应对压力的资源）非常重要，甚至 C（家庭对压力事件的感知和评价）一定程度上也会受到 B 影响。而从认知心理学的角度讲，可能 C（家庭对压力事件的感知和评价）更重要，因为 C 有可能决定家庭是否能够看到自身内部以及外部的资源。但不论 B 和 C 二者关系为何，对于压力事件或情境是否会发展为家庭危机都极为关键和重要。

2. 家庭压力的内外脉络

布思（Boss）认为家庭压力不是由家庭内部自发产生的，而是各种个体、家庭以及环境因素共同作用的结果。她将家庭所处的脉络（Context）因素分为外在脉络和内在脉络。家庭的外在脉络是个人或家庭所无法控制的，包括家庭所处的社会历史时期、文化环境、经济发展背景、家庭发展阶段以及家庭遗传等；

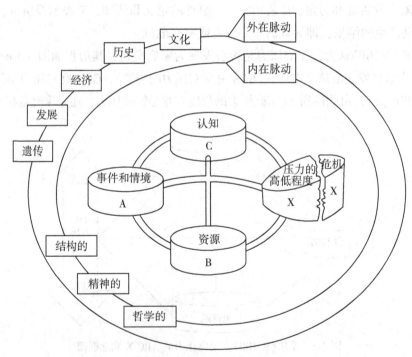

图 3-4　家庭压力的内外脉络

图片来源：Boss Pauline：《家庭压力管理》，周月清等译，台湾桂冠图书公司 1994 年版，第 26 页。

家庭内在脉络涉及结构的、精神的和哲学的三个向度。结构的脉络涉及家庭界限的形成和功能、角色分配以及家庭界限内外的角色考虑。精神的脉络涉及家庭的认知、评价、界定或对压力事件的评估。哲学的脉络涉及家庭的价值和信念系统。家庭的外在脉络会影响家庭的内在脉络。①

换句话说，不同时代、不同文化背景、不同经济水平、处于不同发展阶段的具有不同遗传特质的家庭，其家庭互动和家庭关系、家庭心理结构、家庭价值以及家庭信念是完全不同的，并由此决定了家庭面对压力事件或情境时，会做出不同的应对。

三、家庭抗逆力与压力的应对

1. 家庭抗逆力是什么

由以上家庭压力理论可以看到，家庭压力取决于两个因素，即引起压力的条件和对压力的反应，而应对(Cope)压力的资源和能力决定了反应是积极的还是消极的，不想要的或者预想不到的变化常常会带来消极的结果。如果家庭应对压力的条件比带来压力的压力源多，那么家庭的反应通常不会太消极。关于家庭抗逆力的研究向我们呈现了哪些因素可以成为家庭应对压力的条件。

家庭抗逆力取向认为，家庭的信念体系、组织模式和沟通过程是影响家庭抗逆力进而决定家庭能否战胜压力或危机的重要因素。②

(1)信念体系

家庭的信念体系包括家庭的价值观、信仰和规范习惯等，被认为是家庭抗逆力的核心与灵魂。信念体系通过家庭成员为逆境创造意义、正面的展望以及超然性等关键过程影响家庭的压力或危机应对。

(2)组织模式

家庭有着各种各样的形式与关系网络，需要提供某种结构来支持整个家庭及其成员的整合与适应，这种结构就是家庭的结构/组织模式。组织模式由来自家庭外部和内部的各种规范所维持，并受到文化与家庭信念系统的影响。家庭组织模式被认为是家庭冲击的缓冲器。组织模式通过增强家庭的弹性、成员

---

① Boss Pauline：《家庭压力管理》，周月清等译，台湾桂冠图书公司1994年版，第25-34页。

② Froma Walsh：《家庭抗逆力》，朱眉华译，华东理工大学出版社2013年版，第49-149页。

的联结感以及家庭的社会经济资源等提升家庭的抗逆力。

(3)沟通过程

沟通过程的作用是促进家庭成员之间的相互支持和问题的解决。家庭成员有效沟通的过程是一个增进家庭功能的过程。清晰表达、坦诚的情感分享以及合作解决问题等正向沟通,都有助于提升家庭抗逆力。

2. 压力的应对

其他研究早已表明,那些富有弹性和积极主动的家庭,相对比较能够更好地应对压力事件。①

(1)应对压力的条件之一:富有弹性。

麦克科宾(Hamilton McCubbin)认为,弹性是指一个家庭无论怎么变化,家庭成员都能够找到新的模式让家庭维持下去。但是弹性也指如果有必要的话,改变家庭模式,使家庭更好的运转下去的能力。具有弹力(抗逆力)的家庭有能力从创伤或危机中恢复原状。而面对逆境时能够保持稳定继续维持家庭、良好的家庭适应能力以及牢固的家庭关系和家庭凝聚力等都属于家庭具有弹性的特征。

(2)应对压力的条件之二:积极主动

研究发现,当个人伴侣已婚夫妇和家庭的态度积极主动时,他们应对压力就会比较容易。个人和家庭对压力事件或情境持积极主动还是消极被动的看法,不仅会决定压力的大小,也会决定其如何应对压力。无论是个人还是家庭,都要学习积极主动应对压力的策略。哈荷伊提出应对压力的5R策略,即重新思考(Rethink),再次组织(Reorganize),减少压力(Reduce),释放压力(Release)和放松自我(Relax)。

四、家庭压力/危机应对理论与家庭服务

家庭压力与家庭危机理论可以清晰地为工作者提供分析及介入思路,以更好地帮助家庭:

1. 分析影响家庭压力的内外因素

认真分析造成压力的不同因素,分析可能引发家庭危机的各种家庭外因素和家庭内因素,充分认识到这些家庭内外因素的出现,并非全部都会演变成家

---

① [美]珍妮弗·孔兹:《婚姻&家庭:别被幸福绊倒》,王道勇、郧彦辉译,中国人民大学出版社2013年版,第229页。

庭的危机。

2. 改变家庭对于压力事件或情境的认知(即改变家庭的信念体系)

在讨论家庭危机的决定因素时，需要考虑到造成家庭危机的各种因素是如何和其他因素发生复合连锁反应，在此基础上，引导家庭各成员调整对家庭压力和危机的认知态度，使其能够坦然面对压力。

3. 改变家庭应对压力/危机的条件(即家庭的组织模式和沟通过程)

帮助家庭分析讨论使家庭压力升级为家庭危机的内在原因，尤其是家庭的结构变化、家庭互动模式以及家庭功能变化与家庭危机的关系，引导和修复家庭的内在情境，同时善用和整合资源，以家庭的外在情境补充内在情境的不足，共同面对和处理目前的困境。

第四节　性别视角与性别敏感

2019年，伴随韩国女性主义题材电影《82年生的金智英》的放映，关于女性的社会处境以及性别平等议题的讨论再次引爆各大社交媒体。事实上，在电影上映之前，韩语原著小说就已经被先后翻译为日语、中文版，在东亚社会获得了广泛传播，并在妇女大众中掀起了个体生命历程的自我检视浪潮。但事实上，无论是原著还是电影，其对于社会、职场、学校以及家庭中的性别不平等的揭示和呈现并不是一件新奇的事，毕竟西方女性主义浪潮已经滥觞百余年，而中国的马克思主义妇女观实践也已经超过70年。但作品所引发的广泛的社会讨论，恰恰反映出以往普罗大众日常生活中的性别盲视，每个人都沿着既定的性别规范成长、生活，而很少有人会思考或质疑为什么是如此安排。

家庭作为一项社会制度和由不同性别的人构成的社会组织，隐含了对于性别角色、两性权力的规范和要求。因此，性别是家庭服务无法回避的议题，如何认识家庭中的性别规范、性别角色、性别分工以及两性权力和地位，实务干预是否要挑战家庭中不平等的性别关系，衡量性别关系是否平等的标准如何确定，在实务干预中加入性别敏感取向有什么意义，这些都是工作者需要考虑的问题。

下面我们将从对社会性别视角和性别平等标准的引介入手，以对女性主义社会工作的剖析为基础，提出性别敏感取向的家庭服务。

一、社会性别与性别平等

1. 社会性别视角是什么

社会性别（gender）是相对于自然性别（sex）而言的一个范畴，与自然性别主要从生理构造和生物性角度理解男性和女性的差异不同，社会性别提出了男人和女人的社会含义，即男人和女人的差异主要是社会角色差异，性别角色并非是天生的，而是由社会的性别规范所塑造的，用西蒙·波伏娃的话来说，即是"女人不是天生的，女人是被养成的"。

社会性别提供了理解性别角色分工的另一种视角。在此之前，对于性别角色分工的理解限于男女两性的生物特征差异，即女性比男性更柔弱，且十月怀胎和生产哺育幼儿限制其活动，因此，男性比女性承担了更多更重要的社会公共事务，并进而掌握了比女性更多的权力。社会性别提出以后，人们逐渐认识到男女两性的性别分工和性别关系不仅受生物因素影响，更受到社会因素的影响和规定。在男性由于生理上的优势控制了最初的劳动分工和生产生活资料以后，便开始制定一套性别规范，将女性排除出了主要的生产部门，并以一套性别文化控制其意识，使其安于附属性的社会家庭地位。例如，儒家对女性"三从四德""夫为妻纲"的角色期待和"唯女子与小人难养也"、男尊女卑、男主外女主内的角色评价，以文化熏陶和社会教化的方式形塑了社会的性别观念和女性的自我意识。

2. 何为性别平等

进入工业社会以来，工业发展为女性提供了大量的就业岗位，越来越多的妇女走出家门，参与到社会生产领域。而工业化、城市化、现代化的发展也创造出了越来越多的适合女性的就业岗位，越来越多的妇女投身于家庭之外的社会领域，发挥个人优势，实现自我价值。在此背景下，女性越来越感受到原有的社会性别规范对于自身的压迫。如果说工业社会早期的女性更多地看到的是其在教育、职业以及政治等领域遭受的性别歧视的话，当代工作-家庭"双肩挑"的双重压力则使得女性越来越认识到拥有平等的教育机会、就业机会以及参政议政机会并不必然就实现了性别平等。

性别平等并不仅仅局限于使女性在社会领域（公领域）获得和男性平等的权利和机会，而且要求家庭内部（私领域）的性别分工的调整。追求性别平等不是要求和男性一模一样，也不是反过来形成女性对男性的压制，而是希望无论在公领域还是私领域，不同性别的人都能够获得同等的自我选择和自由发展的机会，并且得到公正的评价。

二、女性主义社会工作

1. 来自女性主义社会工作的批判

女性主义社会工作是从对传统家庭治疗的性别盲点甚至性别歧视的批判开始的。20世纪80年代，女性主义理论家注意到早期的系统家庭治疗假设家庭问题是家庭内系统互动的结果，家庭成员是在拥有平等权力的情况下行事，每个人都对家庭出现的问题负有责任。但实际情况并非如此，不同性别的家庭成员在家庭中的权力并不对等。因此，女性主义理论家批评家庭治疗先驱所谓的正常的家庭结构是建立在性别不平等基础上的，基于此的家庭治疗不仅不能改善女性家庭成员的处境，反而强化了家庭系统和家庭关系中的男性统治地位。

女性主义理论家尤其质疑家庭系统的循环因果、中立性、互补性和平衡状态等概念。[1] 以家庭暴力为例，通常循环因果的解释会是这样，妻子的埋怨和指责导致丈夫的暴力行为，而丈夫的暴力行为又引发妻子更多的埋怨和指责，从而陷入妻子埋怨指责和丈夫暴力行为的循环中，判断不出哪个是因哪个是果。在这种模糊因果的解释下，过分强调社会工作者的中立性和家庭系统中的互补性和平衡状态，干预方向很容易确定在改变夫妻某一方的行为，从而使系统进入正循环，而忽略了深入探究暴力关系中的权力不对等。这样的干预效果必然是短暂的。

2. 女性主义社会工作者的实践

女性主义实务工作者会认为，面对家庭中不对等的权力关系，如果社会工作者坚持中立性，不仅不利于问题的解决，而且会助长现状的维持。因此，他们认为滥用权力者理应承担责任。

女性主义者从三个源头来寻找造成家庭中两性权力不对等的答案，一是法律，给予丈夫、妻子、母亲、父亲和孩子特定的权利和义务；二是社会所建立的性别规范；三是人们取得知识和资源的管道。正是承认两性权力不平等的法律、规范、文化价值和信念等，影响了家庭的功能运作。

基于以上这些认识，女性主义实务工作者以女性主义运动为发端，通过与社区妇女建立平等的服务关系，将女性个人所承受的苦难和悲哀与她们所处的

---

[1] Donald Collins、Catheleen Jordan、Heather Coleman：《家庭社会工作》，魏希圣译，台湾洪叶文化事业有限公司2013年版，第383-385页。

社会位置和地位联结起来，回应她们的独特需要，并以此改善其福祉。与此同时，女性主义实务工作者也能够正视与女性有互动关系的人的需要，即男性、儿童和其他女性的需要。① 换句话说，女性主义社会工作并非只为女性服务或只关切女性福祉，而是以社会性别作为出发点，站在创设一个性别平等的社会文化环境的高度开展实务工作。女性主义社会工作的批判视角和实务取向为家庭服务打开了另一个窗口，即性别敏感取向的家庭服务。

三、性别敏感取向的家庭服务

性别敏感取向的家庭服务要求工作者养成一种对差异的觉察力和敏感度，以便同时从结构和性别的角度看待差异。除此之外，要能够对这些差异采取行动，协助家庭成员体悟他们关于性别关系或家庭权力的看法及形成此种看法的刻板印象是如何发生作用的。

1. 在服务过程中保持性别敏感

性别敏感取向的家庭服务，要求社会工作者在服务的整个过程中都要保持性别敏感。

首先，在家庭问题和需求评估阶段，性别敏感的社会工作者会格外注意家庭所处的社会文化环境中的性别期待、性别评价以及性别规范，从而使他们有能力去理解家庭成员特殊的行为模式或情感状态。例如，认识到社会性别规范对于家庭中性别角色的塑造，有助于社会工作者了解丈夫何以能对妻子施加暴力，而妻子又如何因为无力掌控自己的生活而继续留在暴力关系中。

其次，在制定干预计划阶段，性别敏感的社会工作者不会保持中立性，而是会更加关注到处于弱势地位的女性家庭成员，并以增进家庭对于性别议题和性别现状的认识以及帮助女性重拾自我价值感为计划重点。

再次，在临床干预阶段，性别敏感的社会工作者会对权力议题保持更高的敏感度，他们在处理与服务对象家庭的关系时，不会采取权威角色，而是更重视为家庭成员充权，以自身与服务对象家庭之间的对等关系向家庭示范何为平等关系，并在此过程中使家庭成员认识到分享权力的好处。

2. 性别敏感取向服务的目标和方针

性别敏感干预是与支持、教育以及问题解决有关的。性别敏感的工作者会

---

① [英]Lena Dominelli：《女性主义社会工作——理论与实务》，王瑞鸿等译，华东理工大学出版社2015年版，第6-7页。

致力于协助家庭达到以下目标：①

(1)体悟并改变刻板印象角色和期待的有害后果；

(2)避免助长女性和儿童的依赖状况；

(3)鼓励女性发展正向自尊，也鼓励男性积极参与照顾孩子和家务工作。

科林斯等人提出了对于性别敏感家庭服务十一条方针：②

(1)不要只关注母子互动，这样做会强化一种信念，认为孩子的问题是母亲的责任。相反的，尽量努力让父亲也纳入干预，以确保父母双方都积极参与他们孩子的生活。

(2)不要把家中唯一改变的责任放在母亲肩上。评估和干预的所有面向都应该将父亲纳入。

(3)要彰显家庭相关的性别议题，协助服务对象协调双亲间的家务与教养分工。

(4)探讨家庭中的权力分配，尤其要对权力滥用的迹象保持警觉。

(5)要检视女性的优势，而非只关注病理。

(6)将性别的社会政治情势整合纳入家庭服务。不要单纯只因性别就假设每位家庭成员应该或不应该做某些事。

(7)留意你自己的个人偏见，包括挑战个人价值，察觉性别盲点。

(8)要了解家庭结构有多种形式，没有哪种单一形式比他种优越。家庭结构和组成有多理想，必须要依据其对于家庭成员的影响来判断，而非坚持某些僵化的预设性别角色。

(9)要认识到，平等性的提升会迫使家庭成员释出一部分的权力和特权。

(10)要认识到有些家庭可能选择忠于传统性别角色。这可能是基于宗教或文化信念。协助这些家庭的时候，工作者不应该强迫他们接受不同的信念。但是，工作者必须确定每位家人都对目前的角色分工感到满意，不是被最有权力的家庭成员强迫接受。

(11)鼓励个别家庭成员对自己为家庭的贡献而感到自豪。女性做的事情和男性做的事情一样重要，要多看正向的部分，并以此为进步的基础。

---

① Donald Collins、Catheleen Jordan、Heather Coleman：《家庭社会工作》，魏希圣译，台湾洪叶文化事业有限公司2013年版，第380页。

② Donald Collins、Catheleen Jordan、Heather Coleman：《家庭社会工作》，魏希圣译，台湾洪叶文化事业有限公司2013年版，第393-394页。

第四章 家庭服务的技术和工具

家庭服务作为社会工作的一个领域，与社会工作实务几乎是同步发展起来的。19世纪末盛行与英美等国的慈善组织会社和睦邻组织运动中，都有对家庭进行家访和为贫穷家庭提供服务。早在1917年开启社会工作专业大门的玛丽·里士满的《社会诊断》一书中，就已经强调对个案诊断的了解必须从家庭开始，认为对个人的干预如果不去探讨其家庭是不可能成功的。可见，无论是在早期社会工作实践中，还是在专业社会工作兴起以后，家庭服务都占据重要地位。社会工作专业方法和技巧的发展从一开始就是与家庭服务实务相联结的。前文提到，工作目标使得家庭服务在工作方法方面，更强调兼容多元的综融取向的工作方法，既包括以问题为本的综合运用个案、小组、社区等方法的临床家庭服务，也包括社会倡导、社会研究、政策咨询等间接性的家庭服务两类。本章重点放在实务过程中更具体的一些技术和工具的介绍上，包括家庭会谈、家访、个案管理、小组辅导、社区照顾等家庭服务常用的技术，家庭服务中的主要评估工具家谱图、家庭生态图和介入工具家庭会议等。

第一节 家庭会谈与家访

一、家庭会谈

1. 家庭会谈的含义与特点

家庭会谈又称为家庭联合会谈，区别于单独会谈，家庭会谈是指社会工作者与全体或部分家庭成员进行的面对面的、有目的、有计划的谈话。有效的家庭会谈具备以下特点：

（1）会谈目的的明确性。家庭会谈旨在帮助家庭和家庭成员解决面对的困难或问题，并在这一过程中协助家庭学习，改善家庭互动，帮助家庭恢复、增强和培养自助能力。

(2) 会谈角色的规定性。家庭会谈对社会工作者和家庭成员有一定的角色要求，家庭和家庭成员是跟随工作者的引导展开会话。

(3) 会谈过程的计划性。在会谈前工作者已经和家庭就会谈的时间、地点、次数、每次会谈的目标、内容以及时间长短等进行过沟通和协商，并达成了初步的共识。

(4) 会谈内容的选择性。和一般晤谈一样，家庭会谈尊重家庭成员自由表达的权利，但同时会控制会谈的内容主要围绕家庭基本信息、家庭问题和需求以及由此决定的会谈目标展开。

(5) 会谈的非互惠性。家庭会谈是任务取向、目标取向的，其根本目的是协助家庭成员和家庭解决其问题，因此，工作者有责任把握会谈焦点、控制会谈过程和节奏，以确保会谈目标的实现。换句话说，工作者因其专业身份和工作职责而掌握着会谈的主导权。

有研究者专门梳理了会谈和日常谈话的区别，可以用来帮助我们进一步澄清对家庭会谈的理解。[①]

表 4-1　　　　　　　　　　　会谈与谈话的区别

比较层面	会谈	谈话
目标	有清楚的目标，任务取向	没有具体的目标和计划
角色	清楚的角色区分，工作者是会谈者，会谈对象是被会谈者	角色、责任没有清楚的界定
运作	在特定的场合、时间进行，有清楚的会谈时间和次数	没有具体界定
互动方式	以专业互动的规则取代社会性的社交礼仪	以社会期待与社会规范进行互动
表达方式	正式、结构、有组织	非正式（片段、重复、迂回）
沟通	单向的由会谈对象说给工作者为主，以会谈对象的利益为焦点	均等的、双向的、互惠的

---

① 许临高主编：《社会个案工作：理论与实务》，台湾五南图书出版有限公司 2010 年版，第 179 页。

续表

比较层面	会谈	谈话
责任	工作者有责任开启会谈，并让会谈持续下去，对会谈对象有后续责任，直至目标达成为止	谈话双方没有责任去引发谈话或让谈话持续下去，对彼此没有后续责任
权威与权力	工作者拥有较多的权威和权力	双向均等

2. 家庭会谈类型

按照会谈目的和性质，可以将家庭会谈划分为资料性家庭会谈、预估性家庭会谈和干预性家庭会谈三种。

(1) 资料性家庭会谈

资料性家庭会谈的目的主要在于收集家庭信息，包括家庭人口数量、家庭结构、每个家庭成员信息、家庭成员关系、家庭规则、家庭价值观、家庭互动模式、家庭社会经济地位、家庭的社会支持网络以及家庭所处的社区文化等基本资料；家庭主诉问题；以往的求助经验等。

(2) 预估性家庭会谈

预估性家庭会谈包括两个目的：一是通过结构式的会谈大纲，了解家庭的基本信息和主要问题，以确定是否提供服务以及提供哪种类型的服务等；二是作为治疗性会谈的准备，通过会谈评估家庭的状况，包括家庭问题的性质、家庭资源、家庭需求以及实施介入的困难和限制等。

(3) 干预性家庭会谈

干预性家庭会谈有两个努力方向：一是利用家庭会谈协助家庭成员改变其期待、观念、想法、感受以及行为等。比如萨提亚家庭治疗模式中的冰山访谈（见图4-1），就是干预性家庭会谈的典型代表；二是通过家庭会谈改变家庭动力和家庭成员之间的互动模式，重塑家庭关系。比如萨提亚家庭治疗模式在家庭会谈时利用家庭雕塑技术达到重塑家庭的目的。

3. 家庭会谈的过程和各阶段的工作重点

(1) 在开始阶段：建立关系

如果是第一次会谈，会谈的主要任务应集中在以下几点：表达对家庭成员的接纳、同感和关怀；倾听、鼓励家庭成员充分表达以尽可能获得更多的家庭信息；介绍机构的服务领域和可以提供的服务；确立专业关系，明确服务目标、会谈频率和每次会谈时间、服务中需要遵守的规则；帮助家庭成员进入角色并明确自己的职责。

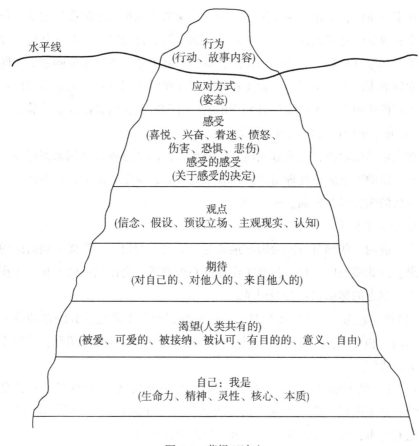

图 4-1　萨提亚冰山

如果不是第一次会谈，则家庭会谈的主要任务应为：寒暄，表达关心和问候；了解上次会谈后家庭成员的感受和想法，从而对家庭的生活情况和问题的发展有所把握；了解家庭作业的完成情况，并给予适当的鼓励；设定本次会谈的重点，并正式进入会谈。

（2）在探索阶段：探索家庭问题的性质

探索家庭问题的成因，通过资料性和评估性会谈技术了解家庭所处的情境、家庭的过往经历、家庭问题的性质以及严重程度及持续性，并在此基础上协助家庭设定目标。

疏导情绪，会谈时工作者要注意控制谈话的范围，把握谈话的深度，必要时恰当地转移话题,并有针对性地教给家庭成员具体的情绪放松技术。

(3)在干预阶段:推动家庭改变的发生

在干预阶段,工作者主要运用干预性会谈的技术推动家庭发生改变。包括协助家庭成员改变其期待、观念、想法、感受以及行为等,并在此基础上改变家庭动力和家庭成员之间的互动模式,重塑家庭关系,解决家庭问题。不同会谈技术所追求的改变不同,比如焦点解决模式倾向于家庭具体问题的解决;而家庭治疗模式更重视家庭成员自我价值的提升和家庭获得新的互动体验。

(4)在结束阶段:巩固改变的效果

在会谈结束阶段,和家庭成员一起回顾会谈的全过程,强调家庭已经发生的改变;协助家庭成员处理情绪;布置家庭作业;确定下次会谈的时间、地点以及大概的内容以及告别。

4. 会谈前的准备工作

会谈前的一些细节可能会影响最初与家庭关系的建立,进而影响后续的会谈效果,因此要加以注意,包括工作者的心理准备,会谈场所的安排,工作者的仪表,双方的称谓以及会谈记录。

(1)提前熟悉会谈家庭的信息。对已经掌握的关于家庭及其问题的资料进行详细阅读和思考;尽可能考虑到会谈中可能出现的所有意外情况,并制定相应的应对措施。

(2)工作者的情绪准备。工作者清理自己的情绪,保证会谈是在自己良好的情绪状态下进行,萨提亚家庭治疗模式把这个步骤称之为"回归中心"。如果自己有心事,应转介给别的工作者或更改会谈时间。

(3)面谈场所的安排。和家庭协商,共同确定合适的会谈地点,尽量选择较为舒适、私密的地方。

(4)工作者的仪表。工作者要塑造一种简单、大方、专业的职业形象,根据会谈家庭的社会经济地位等特点选择得体的装束。

5. 会谈的技巧

依据会谈技巧的性质,可以将其划分为单一性技巧和复合性技巧两种。单一性技巧是指通过单一做法发挥作用的沟通技巧;复合性技巧是通过多种做法发挥某一特定作用的沟通技巧。[①] 下面简要进行介绍。

---

① 许临高主编:《社会个案工作:理论与实务》,台湾五南图书出版有限公司2010年版,第191页。

(1) 单一性技巧

①鼓励。指工作者通过恰当的话语和身体语言，去鼓励家庭成员表达他们的感受和看法的技术。表达鼓励的方法有适当的身体语言(比如点头、眼神接触等)、适当的口头语言(比如"嗯""原来如此""可以想象"等)以及重复谈话中的关键词等。

②同理心。指工作者进入并了解家庭成员的内心世界，并将这种了解传达给家庭成员的一种技术与能力。表达同理心的步骤包括：一是工作者捕捉和领会到家庭成员的观点和感受；二是工作者将他所了解的观点或感受及时以恰当的方式反馈给家庭成员。

③自我披露。指工作者通过口头或非口头的方式，有选择性地向家庭成员披露自己的相关信息给家庭成员，从而对家庭成员产生影响的技术。自我披露包括两种类型：一是工作者告诉会谈对象自己在互动过程中形成的对会谈对象的感觉和看法；二是工作者分享自己曾经有过的相关问题和处理经验等。运用自我披露技巧时要注意：一个是与家庭成员的问题相关；另一个是要选择恰当的时机，避免出现家庭成员难以接受的情况。

④提问。当我们所得的信息不足以用来了解对方的意思时，最简单的办法就是进一步去询问。但提问需要注意一些原则，避免适得其反。提问的原则包括：围绕家庭成员的关注点提问；提出问题后，要给家庭成员必要的时间来回答；避免指责性、评判性的问题；问题要明确；要通过提问的神态、语气、语调表达礼貌和真诚。

⑤摘要。指会谈进行一段时间后，工作者将阶段性会谈的要点整理、概括、归纳(包括情感与想法)，然后反馈给家庭成员。此外，工作者请家庭成员将他们谈话的内容做重点式的整理再表达出来也属于摘要。摘要能够使不同会谈主题或不同会谈阶段的转换更顺畅。

⑥提供信息。指工作者基于专业特长和经验，向家庭成员提供所需要的知识、观念、技术等方面的信息。提供信息包括家庭成员不了解的新信息和帮助家庭成员改正已有的错误信息。提供信息时要注意：提供的信息是与主题或问题有关的信息；获取信息后是否行动取决于家庭成员自己。

⑦面质。指工作者通过挑战极爱他那个成员去协助其发展出新观点、改变其内在或外在行为的负责任的做法。面质适用于个体的不一致和个体与环境的不一致两种情况。前者是指家庭成员的行为、经验、情感等有不一致；后者是指家庭成员的行为、观点、认知等与其他家庭成员的行为、观点或认知等不一

致的情况。需要注意的是面质的重点是个体具体的行为、观点、态度或认知等，而非人格。此外，一般只有在专业关系良好的情况下，才会使用面质。

(2) 复合性技巧

①表达专注。指工作者通过一些语言或非语言的方式向家庭传达愿意和家庭成员在一起的信息。肢体语言（姿势开放、上身略微前倾、良好的视线接触）、积极倾听以及适当的沉默等都是表达专注的方式。

②主动倾听。指会谈中工作者主动积极地运用视听觉器官有选择、有目的地去获取信息的过程。倾听被认为是所有会谈技巧的先决条件，也是良好沟通的重要基础，倾听本身就是一种治疗，不仅要用耳朵，更要用心。有效倾听的方法有安静地聆听、从家庭成员的立场理解其意思、不随意打断或评价、不给家庭成员贴标签、注意观察非语言信息等。

③澄清。澄清包括两个层面的意思：一是指工作者引导家庭成员对模糊不清的陈述作更详细、清楚的解说，使之成为清楚、具体的信息，以提升家庭成员的自我了解；二是工作者对自身的角色、与服务对象的关系等情境进行澄清，以避免服务对象的期待落差，维系良好的专业关系。工作者可以通过简述语意、开放式提问、在信息之间建立联系以及再建构等引导会谈对象澄清。

④对焦。指将游离的话题、过大的谈论范围，或同时出现的多个话题收窄，找出重心讨论下去。对焦可以减少跑题和多头绪的干扰，使会谈能够集中在相关主题上进行深入、具体的讨论，这一点对于参与人数较多的家庭会谈尤其重要。

⑤建议。指工作者以专业知识为基础，在对家庭和家庭成员的情况、问题有所了解和评估后，提出客观、中肯、具有建设性但非强迫的推荐意见。建议的方式包括：以试探性的提问的方式提出（比如"如果你……那情况会不会有所改善？"）；以自我披露的方式提出（比如："我曾经遇到跟你很类似的问题，我所采取的做法对我很有用，我的做法是……"）；直接提出工作者自己的看法（比如："我不觉得你应该……你真的应该……"）。[①]

二、家访

家访不仅是社会工作服务的主要技术之一，还被广泛应用于社区护理、婴

[①] 许临高主编：《社会个案工作：理论与实务》，台湾五南图书出版有限公司2010年版，第214页。

幼儿保健等领域。社会工作领域的家访是指社会工作者在征得服务对象同意后前往其家庭，了解家庭和家庭成员情况的专业性访视。在早期慈善组织会社时期，白人中产阶级妇女慈善组织正是通过家访为贫困家庭提供经济援助，并尝试以自身的价值观念影响和教育穷人，以期使穷人获得自尊与自信。

1. 家访的类型

按照家访的目的和性质，可以将家访分为不同的类型：

(1)评价性家访，即社会工作者通过实际进入服务对象的家庭，了解其家庭成员、家庭环境、家庭关系以及家庭所处的社区环境等，以获得翔实的关于服务对象的资料，为问题和需求的评估做准备。

(2)联络性家访，即社会工作者定期去服务对象的家里，了解服务对象及其家庭成员的近况和需要。

(3)干预性家访，即居家式干预，在服务对象所熟悉的家庭情境中为其提供咨询或治疗服务，以促进家庭沟通，使所有家庭成员共同参与问题的解决。

总之，家访可以运用于社会工作实务的全过程。用在关系建立阶段，侧重于了解服务对象各方面的情况，通过分析资料对服务对象的问题和需求做出专业判断；用在服务实施阶段，侧重于了解干预进度和效果如何，并和相关人员保持联络；用在结案阶段，侧重于了解服务对象对服务效果的评价，并帮助服务对象拓展可资利用的资源，进一步巩固干预效果。

2. 家访的实施过程

成功的家访需要一些技巧的支持，但实际上最大的技巧就是要用心，在家访前用心准备，家访中用心体会，家访后用心总结。

(1)家访前要做好充分的准备工作

①社会工作者本人要事先学习过家访的相关知识，能够熟练地运用所学的知识和技术解决家访中常见的问题；

②了解家庭的基本信息，例如家庭类型、成员构成、成员关系、居住情况等；

③家访前要提前告知家庭，并征得家庭成员同意，尽量选择所有家庭成员都方便的时间；

④初步设计出家访的目标、内容；

⑤做好突发情况的预案，尤其是对家访中可能遇到的问题要有提前考虑；

⑥形象得体，衣着打扮要与家访家庭的社会经济地位、成员构成、居住环境等相协调。

3. 家访的注意事项

(1) 家访过程中的注意事项

①社会工作者要对家庭秉持接纳的态度，以耐心、友好、诚恳的姿态开展工作，给对方以信心，多从对方的立场出发考虑问题，不随意批评指责；

②尊重家庭，对于家庭成员不愿意回答的情况给予理解；

③照顾每一位家庭成员的感受和情绪，促进家庭成员彼此间的沟通，避免偏袒任何一方；

④在家访过程中，保持足够的敏感，时刻观察家庭成员的反应，随机应变，控制好家访的话题、节奏和时间。

(2) 家访结束后的注意事项

①了解家庭对于本次家访效果的评价，布置家庭作业，并约定下次家访的时间；

②做好家访记录工作，包括家访的对象、时间、地点、原因、内容、成果、反思等。

三、面谈和家访在家庭服务中的应用

在家庭服务实务中，面谈和家访既可以作为专门的常规干预方法，也可以作为配套方法使用。

1. 作为常规干预方法，面谈是婚前辅导、婚姻咨询和亲职辅导等家庭咨询的主要技术，而家访则常运用于亲子关系、家庭关系的干预中。例如，在发生婚恋矛盾的个案中，介入的主要方法就是个案会谈；而在处理问题青少年的案例中，家访以及全体家庭成员的参与是比较有效的方法。

2. 作为配套方法，面谈和家访能够与家庭建立较为融洽的关系，掌握关于家庭的比较多的信息，从而准确把握家庭的问题和需求，了解家庭的优势和资源，为设计有针对性的介入方案做好准备。

第二节 个案管理

个案管理的前身是由 20 世纪 50 年代美国加州和明尼苏达州一些城市为二战退伍军人发展的多元服务中心而提出的"服务协调"概念，进入 20 世纪 70 年代以后，个案管理开始进入社会工作的相关文献中，并逐渐发展为美国社会工作界广为推广的一种个案社会工作模式。

一、个案管理的含义

1. 什么是个案管理

(1)个案管理的定义

全美社会工作者协会对个案管理的定义认为,"个案管理(Case Management)指的是由社会工作专业人员为一群或某一服务对象提供统整协助活动的一个过程。在个案管理的过程中,各个机构的工作人员相互沟通协调,以团队合作方式为服务对象提供所需要的服务,并以扩大服务的成效为主要目的。当提供服务对象所需的服务必须由许多不同专业人员、福利机构、卫生保健单位或人力资源来达成时,个案管理即可发挥其协调与监督的功能。"

(2)个案管理的对象和目的

个案管理的服务对象主要是同时面对多重问题困扰的人群,他们会同时需要各种类型的专业工作者和资源的介入;而个案管理目的也包括两个方面:一方面要建构服务对象的资源网络,另一方面要增强服务对象运用资源网络的能力。

(3)个案管理的性质

个案管理是介于社会工作直接服务的工作技巧与间接服务的一种整合性服务方法。因此,在个案管理中,社会工作者既是直接服务的提供者,包括提供个别化的咨询与治疗的辅导者和信息提供者;同时又是资源联结者、政策倡导者和服务管理者,将服务对象与所需的正式、非正式的网络和资源加以联结。

2. 个案管理与传统个案工作的区别

个案管理模式与传统的临床社会工作无论是在服务对象、工作目标、工作手法、工作重点、工作者角色等方面都有明显差别(见表4-2)。

表4-2 传统临床社工与个案管理模式的不同之处(Rothman and Sager, 1998)

传统的临床工作	个案管理模式
1. 治疗:消除或降低问题	1. 增进:协助案主过着满意的社区生活
2. 提供有限度的短中期服务	2. 提供连续性而长期的服务
3. 协助的是深度的且有焦点的问题	3. 协助的是广度的且多元的问题
4. 直接服务者为唯一服务提供者	4. 直接服务者是社区资源系统的联络者

续表

传统的临床工作	个案管理模式
5. 助人焦点在案主的领悟力、情绪成长和人格发展等	5. 助人焦点在案主因应社区生活及运用资源的能力
6. 牵涉单一助人者	6. 牵涉多重助人者
7. 由单一机构或制度提供服务	7. 牵涉多元的社区服务提供者
8. 助人者的专业权威清晰、界限分明	8. 助人者的权威不明，界限多元
9. 案主完全自立，助人者进行接案	9. 案主部分自立，助人者保持接触
10. 个案结案	10. 个案追踪监督及重新评估

资料来源：谢秀芬、王行等：《家庭支持服务》，"台湾国立空中大学"2008年版，第181页。

二、个案管理的流程

个案管理流程基本遵循社会工作实务的通用过程，即接案、预估、拟订方案和订立协议、实施方案以及总结评估，所略微不同的是，由于服务对象问题的多重性和复杂性，社会工作过程循环往复、螺旋式上升的特点在个案管理这里体现得格外突出。

1. 接案及建立关系

需要个案管理的个案，一般都具有多重需要，服务对象可能是由其他机构或渠道转介而来，也可能由服务对象自己主动求助而来。

这个阶段的工作重点有两点：

(1)协助服务对象清楚地表述需要，以确定其问题和需要是否是个人管理所能处理的；

(2)确定接案以后，与服务对象建立信任关系。

2. 评估

评估包括两个方面，一是评估问题和需求，二是评估资源和联结障碍。评估工作一般可以从三个维度展开：

(1)评估服务对象的问题和需求；

(2)了解服务对象为了解决问题做过哪些尝试；

(3)评估服务对象资源系统，以了解可资利用的资源和存在的联结障碍。

服务对象资源一般包括内部资源和外部资源两类。内部资源一般是指服务对象自身所具有的优势，例如性格、能力、兴趣爱好等；外部资源则是指服务对象的社会支持网络，包括家庭关系、社会关系、政府机构、政策法律等。

3. 制定目标与计划

个案管理目标与计划的制订集中体现了服务对象和社会工作者之间的平等和合作关系，二者通过共同协商协定服务的目标，并以此为依据制定详细的干预计划。

目标的制定需要遵循的基本原则有：

(1) 目标要与服务对象的需求相符；

(2) 可以制定多个目标，并按照难易缓急排序；

(3) 目标切合实际。

以目标为基础制定干预计划，干预计划包括两个方面，即内容和干预策略。个案管理对象问题的复杂性决定了干预计划通常是一揽子的服务，包括服务计划和治疗/辅导计划。一揽子服务不是一个机构和社会工作专业本身能够提供的，通常涉及多种专业和非正式服务资源的配合，因此，社会工作者在制定个案管理计划时一定要评估计划是否具有可行性，计划中需要联结的资源是否都能够实现。

4. 服务计划实施

在服务计划的实施环节，社会工作者既要承担直接服务的角色，包括为服务对象提供个人心理、情绪的辅导，同时还要扮演服务统筹和协调者的角色，将满足服务对象需要的资源进行联结和整合，串联起政府部门、企业、非营利组织和非正式组织的服务资源，与相关机构和专业合作共同满足服务对象的需要。其中，获取资源(Accessing Resources)是个案管理的核心要旨。

为了实现服务计划，达成服务目标，工作者需要克服与资源联结的障碍，在服务对象和可资利用之间的资源之间建立联结，其主要策略包括：[1]

(1) 联结(Connecting)，即社会工作者扮演服务对象及所需要资源间的中间人角色，将两者联结起来；

(2) 协商(Negotiation)，即与服务的提供者进行协商，以克服资源和服务提供中的障碍，加强资源提供者之间的配合；

(3) 倡导(Advocacy)，即当外部环境存在威胁服务对象需要满足的因素

---

[1] 王思斌主编：《社会工作导论(第二版)》，北京大学出版社2011年版，第217页。

时，或者政策不完善而阻碍了服务对象所需资源的运用与提供时，社会工作者需要代表服务对象与相关个人或者组织进行沟通，必要时需要在政策层面进行倡导以确保服务对象所需资源和服务的提供，维护其权利；

(4) 协调与整合(Coordinating)，即社会工作者必须负责确保服务对象的资源得以持续提供，并随时查看资源是否有效地被服务对象运用，对不同部门的资源和服务进行协调。

5. 追踪监督与重新评估

社会工作者要对整个个案管理过程进行监督和评估，以便及时调整服务，保障服务的适当性。服务结束后也要对个案进行跟进，以保证服务的效果。

评估主要包括如下指标：

(1) 服务是否符合服务使用者的需要；
(2) 服务使用者对整个服务结果是否满意；
(3) 服务提供的目标是否实现，即服务对象的改变是否达到预期。

如果评估的结果显示服务对象的问题或需要没有得到解决或满足，则必须考虑重新回到"个案管理服务计划"阶段。①

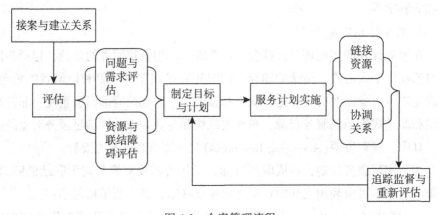

图 4-2　个案管理流程

三、个案管理在家庭服务中的应用

个案管理作为一种整合性的服务方法，通常运用于处理问题复杂且有多层

---

① 王思斌主编：《社会工作导论(第二版)》，北京大学出版社 2011 年版，第 218 页。

次需求的服务对象。从家庭社会工作的角度讲，家庭问题相对于个人问题，在产生原因、维持机制以及影响后果等方面都要复杂得多，往往不是单一的个案咨询/治疗能够处理的。从家庭生态系统的角度讲，家庭既不是静止的，也不是孤立的，而是由动态的关系构成，并处于更广阔的社会环境中。这就决定了对家庭运行失调的解释不可能停留于家庭内部或个别家庭成员的身心问题，而是与家庭关系模式及对社会资源的利用密切相关，需要从生态系统视角出发探索恢复家庭功能的介入方案，而个案管理恰恰能够满足这一需求。

第三节 小组工作

小组工作是从睦邻取向和自助运动中发展起来的，它的基本取向是以小组内的人际关系为主，而且它很重视小组内的相互作用和小组所具有的力量。小组工作的对象包括小组成员和小组本身。

一、小组工作与其他专业助人取向小组的比较

在英文中，小组工作（Group Social Work）和小组辅导（Group Guidance）、小组咨询（Group Counseling）及小组心理治疗（Group Psychotherapy）看起来很相似，而在中文世界，由于社会工作和心理咨询、心理治疗的边界并非截然清晰，因此这些概念也经常被混淆使用。事实上，四个概念各有侧重。有学者对这四个概念的差别进行了区分，如表4-3所示。[①]

表4-3　　　　　　　　小组工作与其他助人取向小组的比较

	小组工作 Group Social Work	小组辅导 Group Guidance	小组咨询 Group Counseling	小组心理治疗 Group Psychotherapy
对象	正常人或弱势群体	一般学生及社会大众	适应困难或情绪困扰者	心理疾病患者

---

① 许高临主编：《社会团体工作：理论与实务》，台湾五南出版股份有限公司2014年版，第33-34页。

续表

	小组工作 Group Social Work	小组辅导 Group Guidance	小组咨询 Group Counseling	小组心理治疗 Group Psychotherapy
目标	满足案主、组织和社区的需求与任务的达成	增进获得正确知识与资料,建立正确的观念、认知及健康的态度与行为	促使想法、情绪、态度、行为的改变	协助个人症状减轻与改善,行为及人格的改变
功能	预防、成长、复健、社会化、问题解决、社会或情绪的改变、促成小组行动的发生	预防、发展	发展、解决问题、补救(少许治疗功能)	补救、矫治(治疗)、重建
领导者	社会工作者	教师或辅导员	咨询师	心理治疗师
助人关系	强调助人者与当事人共同参与、平等、充权与伙伴关系	强调对当事人的观念、认知、行为、态度等进行引导的关系	强调陪伴当事人探索主体经验的关系	强调与当事人共同面对疾病的治疗(医患)关系
处置焦点	社会、情绪、文化的调适;意识层面的问题	意识的认知学习/强调咨询的提供和获得	意识的思想、情绪和行为	意识及潜意识的思想、情绪和行为
工作特色	凡是具有支持性、成长性、教育性、治疗性、社会化及任务性等所有足以形成有目的的小组经验都是	较注重教育性	较注重催化探索的交互作用过程	较注重诊断、分析和解释行为
涉及范畴	人与行为统整、成员的社会性功能、小组及组织的行动力、社会变迁等	成长历程中的发展性议题	心理及情绪的适应与成长、潜能的发挥等	症状的减轻与人格的深度处理

事实上,由于小组工作模式的多样性和小组工作实践应用的广泛性,当下的小组工作实务经常涵盖了小组辅导和小组咨询的工作。因此,虽然后面的实务部分很多地方用到的是小组辅导和小组咨询的方法,但我们在这里还是从小组工作的角度进行介绍。

二、小组的类型与小组工作的功能

1. 小组的类型

按照不同的分类标准，可以将小组工作分为不同的类型，按照小组工作的目标，可以将小组划分为：

(1)教育小组，旨在帮助小组成员进行相关知识的学习，增进小组成员的知识与技巧。

(2)成长小组，旨在通过成员之间的互动，促进小组成员在思想、感情和行为等方面的觉醒和反思，帮助成员最大限度地发挥自己的潜能，促进健康成长的社会情绪。

(3)治疗小组，旨在帮助成员改变认知、情绪或行为问题，以及处理生理、心理、社会创伤后的问题。

(4)支持小组，旨在帮助小组成员培养起对相似经验的共同认知，并以此为基础，实现互相支持。

(5)社会化小组，旨在帮助成员学习社会技巧，培养能被社会接受的行为模式，增强适应社会生活的能力。

(6)自助或互助小组，旨在通过小组使成员相互支持、相互影响，实现态度和行为的转变，并解决环境适应问题。

(7)兴趣小组，旨在通过文娱体育等活动，发展和培养成员在社会生活中的特别兴趣。

(8)服务或志愿小组，旨在通过小组工作过程发展成员的潜能和社会责任意识。

(9)社会行动小组，旨在通过对小组资源的发掘，促进社会变革。

2. 小组工作的功能

克莱因在《有效的小组工作：原则与方法导论》中指出小组工作的功能包括以下八项：[1]

(1)康复(Rehabilitation)。恢复成员以往所具有的功能，对情绪、心理、行为、态度及价值导向的康复。

(2)能力建立(Capacity Building)。发展面对问题与解决问题的能力，也就

---

[1] 徐震、林万亿：《当代社会工作》，台湾五南图书出版公司1984年版，第170-171页。

是学习适应危机情境的能力。

（3）矫治（Correction）。协助犯罪者矫正行为与解决问题。

（4）社会化（Socialization）。帮助人们满足社会的期待以及学习与他人相处。

（5）预防（Prevention）。对问题发生的可能性进行预测，提供有利的环境以满足个人需要，并协助个人培养处理偶发事件及抗御危机的能力。

（6）社会行动（Social Action）。帮助人们学习如何改变环境，增加适应能力。

（7）解决问题（Problem Solving）。帮助人们运用小组力量完成任务，进行决策及解决问题。

（8）发展社会价值（Developing Social Values）。协助小组成员发展适应环境的社会价值体系。

三、小组的历程

小组工作的实施流程围绕小组的历程展开，包括小组决策、解决问题、处理冲突以及小组发展等四个阶段。

1. 小组决策

无论是任务性小组还是干预性小组，都需要小组决策。前者通常需要就如何完成任务进行决策；后者通常需要就干预的目标以及如何达到目标而进行决策。

（1）小组决策方式

常用的小组决策的方式包括：权威型决策、民主型决策（少数服从多数）、专家型决策、代表型决策以及共识型决策。① 其中，权威型决策、专家型决策以及代表型决策不需要全体成员的参与；而民主型决策和共识型决策需要全体成员的参与，所不同的是民主型决策强调基于一人一票的投票结果，而共识型决策强调成员充分交换意见、展开讨论的过程。

（2）小组决策步骤

当所有成员参与到决策过程中时，小组决策通常会遵循定向（Orientation）——讨论（Discussion）——决策（Decision Making）——付诸实施

---

① 许高临主编：《社会团体工作：理论与实务》，台湾五南出版股份有限公司2014年版，第76-77页。

(Implementation)的步骤。定向的工作重点时界定问题和规划执行程序；讨论的工作重点是收集相关资料，考虑各种选择的可能性及结果；决策的工作重点是确定方式并做出决策；付诸实施的工作重点是执行。①

2. 解决问题

解决问题是小组找寻方法来化解需要处理的问题、面临的紧张状态或不确定局面、困难等的过程。解决问题的步骤为：确认、界定问题——发展目标——收集资料——发展各种可行的策略——评估与选择策略——执行——评估。②

平等、民主、合作的小组氛围是解决问题的正向因素；反之，沟通不良、缺乏技巧、资源或动机等则构成解决问题的负向因素。

3. 处理冲突

(1) 小组中冲突的类型

按照不同的分类标准，可以对小组中的冲突进行不同的分类。以冲突的范围可以分为团体间的冲突和团体内的冲突两类；以冲突的作用可以区分为健康(有功能)的冲突和不健康(失功能)的冲突；以冲突的性质可以分为任务型冲突和关系型冲突。

(2) 成员面临冲突时的应对

在小组中，当成员面临冲突时，常见的自然应对包括逃避、顺应、强制、妥协以及协商。前四种应对显然都有不足，要么不利于问题的解决，要么不利于保障成员的权利。而与前四种应对不同，协商可以开启更多合作的空间，寻找各种可能的解决方法，有机会创造双赢，从而提升小组解决问题的成效。此外，协商本身作为一种有效的沟通方式，也有利于增进小组成员之间的关系，增强小组凝聚力。

(3) 工作者面临冲突时的应对

而对于工作者来说，遇到冲突时，能够协助和促成成员做出协商式的应对，是非常重要的能力。

---

① 许高临主编：《社会团体工作：理论与实务》，台湾五南出版股份有限公司2014年版，第77-78页。

② 许高临主编：《社会团体工作：理论与实务》，台湾五南出版股份有限公司2014年版，第79页。

当遇到冲突时，工作者应有的正确态度是：[1]

①承认冲突的存在；

②把冲突界定为是小组关切的议题，而不是个人的问题；

③了解想法、利益或观点的差异是自然的，也能分辨差异与厌恶、排斥或鄙视的不同；

④就事论事；

⑤保持中立，不偏袒；

⑥信任小组有能力看清楚冲突所造成的紧张，并妥善处理冲突。

面对冲突时，可以采取的做法包括：[2]

①把所有成员都涵盖进入处理冲突的过程；

②创造支持性的氛围，发展相互接纳、同理与真诚的关系；

③引导用开放的态度面对冲突，表达对冲突的看法；

④确认观点的相似处与相异处；

⑤确认成员充分了解每一个观点；

⑥协助接受彼此的差异。

4. 小组发展

小组历程本身就是小组发展的过程，工作者要时刻觉察小组发展的阶段，了解每个阶段的任务及特点等，同时能够更好地带领小组。

四、工作者的工作任务和重点

1. 工作者的工作任务

区别于个案工作的一对一介入，小组工作强调工作者在成员之间建立互助的系统来协助其增加新的经验、推动问题解决。小组工作者的任务包括规划小组、处置/干预小组、监测小组以及维系小组。在小组实施的过程中，工作者需要在个人、小组和环境三个层面进行工作，以保证小组目标的实现。

---

[1] 许高临主编：《社会团体工作：理论与实务》，台湾五南出版股份有限公司2014年版，第84页。

[2] 许高临主编：《社会团体工作：理论与实务》，台湾五南出版股份有限公司2014年版，第84-85页。

表4-4　　　　　　　工作者在小组发展不同阶段的任务①

	个人层面的任务	小组层面的任务	环境层面的任务
开始阶段	协助成员彼此熟悉、发展关系；处理成员参与团体的感觉与态度；确认并厘清成员、工作者与机构的期待；预估心理、社会与文化要素等	解释、协商小组目标与工作者、成员的角色；确认并处理小组中的抗拒；建构小组结构；与小组共同规划达成目标的做法	安排物理结构；代表成员获得所需要的服务与资源；确认并邀请具有潜在支持力的人员加入小组
中间阶段	提升成员自我概念；鼓励成员自我了解；将个别性议题联结成小组共同的议题；鼓励承担行动的责任	确认并处理冲突；重新界定目标；建立成员之间的关系及小组凝聚力；厘清规范与角色；持续解决小组所面临的问题，以达成个人与团体的目标	调解小组与所处环境之间的差异性；为改变或额外所需的服务做倡导；与其他专业人员合作
结束阶段	回顾、总结个别成员与小组的成长	处理分离所引发的感觉和态度	为未来做规划，为成员做转介

2. 工作者的工作重点

小组历程中工作者的工作重点包括：

(1) 帮助小组成员形成一个内部的互助体系。

(2) 在了解小组成员的基础上，协助成员了解和利用小组过程，在彼此相互影响中协助成员发生积极的改变。

(3) 增强个别成员的能力，帮助其达到自助状态，以便能自动自发地发挥功能而成为独立的个人或小组。

(4) 协助成员在小组结束时回顾整个小组工作的过程，从而作为成员处理其他小组的经验或将来面对小组的一种手段。

---

① 许高临主编：《社会团体工作：理论与实务》，台湾五南出版股份有限公司2014年版，第95页。

五、适用于家庭服务的小组工作模式

小组工作在发展过程中形成了不同的模式。这里重点介绍在家庭服务中应用比较广泛的互动模式、发展性模式和预防与康复模式。

表 4-5　　　　　　　　　适用于家庭服务的小组工作模式

	互动模式	发展性模式	预防与康复模式
焦点	既关注人，也关注环境。重点在个别成员间为满足共同需要而产生的互动过程。	强调以人的发展为核心，关注人的社会功能的提升。	个人的社会适应问题。
基本假设	如果社会工作者能够使成员在一个有机的组织内通过互相帮助而完成其特定的任务，那么，便可以增加成员在社会上与人相处的技巧，进而凭借这种经验更好地适应社会。	人在不同的生命阶段有不同的发展任务，通过发掘个人潜力，能够寻找到解决问题的方式，并完成发展任务。	人的行为是受社会环境影响，尤其是在人际交往中逐渐形成的，在小组中培养适当的环境可以帮助成员预防和消除个人违反社会常规或不被大多数人接受的价值观和行为。
目的	促进小组成员在社会归属和相互依存中得到满足，使小组成员之间、小组之间以及个人、小组与社会系统之间形成相互支持。	宣泄阻碍个人有效完成社会行为的负面情绪；为成员提供支持和接纳，发掘成员潜力，提高自尊和自我欣赏；增强成员对生活负责的能力。最终促进人际关系和小组成员的自我成长。	预防可能的不恰当的观念或行为的出现；帮助已出现不良行为或态度的人重新适应社会。
适用对象	有平等互惠的动机和能力，从而保证小组目标的实现和个人的成长。	有困难的人群；面临危机的人群；寻求更大自我发展的人群。	可能存在环境或角色困难的人群；存在某种行为障碍或偏差行为的人群。
工作者的角色	调解者	支持者	模范、代言人及标志

续表

	互动模式	发展性模式	预防与康复模式
工作者的任务	负责促进成员、小组、机构、社区等各系统之间的彼此适应；此外，也协助成员获得其无法获得的信息或资源。	帮助小组实现目标；促进人际关系；增进个人的自我实现。	推动小组历程和控制小组。
优势	突出助人自助的理念；充分发挥成员的能动性和培养自觉意识；尊重成员的独立性。	适用性广；成员不会被贴标签，没有压力。	适用性广；效果可测量。
局限	对个人期望和个别化的关注不够；工作者权力不足，影响有限；小组效果难以评估。	强调成长，但成长尤其是个体情绪、心理、人格等方面的成长本身难以测量。	由于尚未表现出问题，所以难以获得重视和支持。
实践类型	育儿期妈妈互助小组、失独父母小组、智障儿童家长小组、残障人士康复小组、灾后幸存者支持小组、父母成长小组等。	自我认识与自我成长小组、亲子互动小组、中年空巢家庭适应小组、打工子弟成长小组等。	预防小组常用于社交技巧教授小组、自信心训练小组、新角色适应小组等；康复小组常用于有学习障碍的儿童或有偏差行为的青少年等。

资料来源：根据王思斌主编的《社会工作导论》（高等教育出版社2013年版）中"小组工作"章节和刘梦主编《小组工作》（高等教育出版社2013年版）中"小组工作的主要模式及其理论基础"章节内容整理而成。

小组工作方法在家庭服务中有其自身的优势。与家庭会谈或家访不同，小组工作强调对小组内部力量的发掘和培育，并在此过程中促进个人的成长以及个人与社会关系的调适。在实务中，小组工作既可以用于解决已经发生的家庭问题，也可以用于预防潜在家庭问题的发生。例如，良好亲子关系建设小组、残缺家庭支持小组等通常属于前者；而新婚夫妻成长小组、育儿技巧学习小组、空巢父母联谊小组等则属于后者。

第四节 家谱图和家庭生态图

家谱图和家庭生态图是家庭服务实务开展中的有效工具,不仅对于评估家庭的问题、需求、资源具有重要的作用,甚至也可以用于干预。家谱图显示家庭内部动力,而家庭生态图可呈现家庭外部动力和关系。

一、家谱图

家谱图是用图表的形式将至少三代人两系(父系和母系)家庭的血亲、婚姻关系等家庭状态画出来,描述不同的家庭成员从一代到下一代的血亲关系和婚姻关系,用以记录家庭的历史、家庭成员间的关系及关系程度、个人在家族中的位置等信息,清楚地展示家庭的结构框架和关系模式,帮助工作者和求助者对其家庭及家庭关系有清晰的认识,从而理清求助者所面对的问题的根源。

1. 家谱图符号

在家谱图中,图形代表人,线代表关系。一般用正方形代表男性,圆形代表女性。用双线条的方或圆来表示求助者,要围绕求助者来构建家谱图。已经死去的人,在其相应的符号中打叉,只有那些与求助者相关的死亡者才在家谱图中标示出来。出生和死亡日期分别标记在符号上面的左边和右边。成员当下的年龄或者死亡时的年龄通常标记在符号内。

夫妻关系用先向下再横接的线相连,丈夫位于左边,妻子位于右边。日期之前的"M"代表结婚时间。如果人们对年代混淆的可能性很小,结婚时间通常用结婚所在年份的最后两个数字来表示。夫妻双方分居或者离婚相应的表示方法为:在婚姻线中间画一条单斜线表示夫妻分居,画双斜线代表离婚。

用两条平行线表示关系亲密,三条平行线表示过于亲密的关系(纠结),折线表示冲突,虚线表示感情疏远,中间断开的线表示断绝关系,带箭头的线表示"关注"的方向。

请看下面的图例:

第四节　家谱图和家庭生态图 | 71

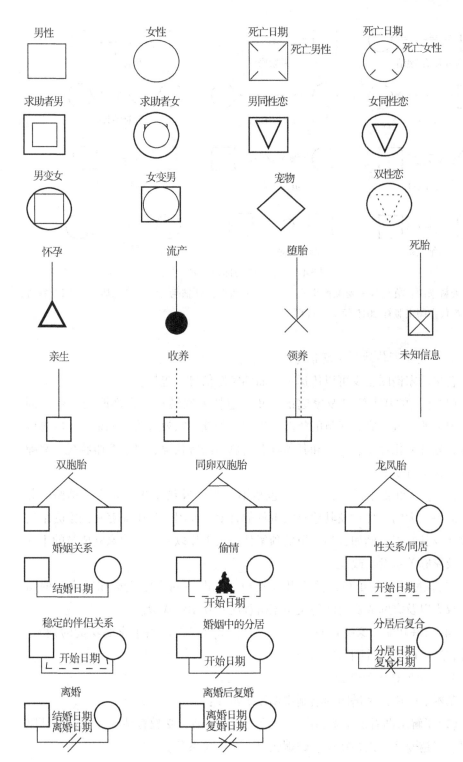

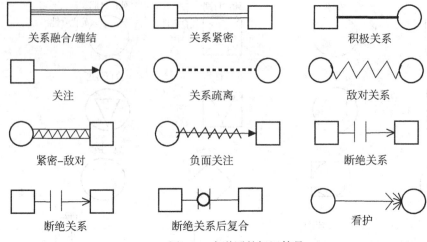

图 4-3 家谱图的标识符号

资料来源：莫妮卡·麦戈德里克等著：《家谱图：评估与干预（第三版）》，霍莉钦等译，当代中国出版社 2015 年版，首页。

2. 家谱图所传达的家庭信息

合格的家谱图至少可以传达三方面的家庭信息，包括：

(1) 家庭的基本信息及家庭的历史。包括家庭结构、家庭所处的生命周期、家庭的人数、家庭成员的年龄、性别、种族、宗教背景、兄弟姐妹的排位顺序、教育文化程度、职业和其他社会角色、经济状况、目前健康状况、兴趣爱好、人格特质等。

(2) 家庭重要生活事件信息。包括不同家庭成员出生、死亡、结婚、分居、离婚、大病、死亡及其他重大事件的日期和原因，从中能够看到家庭结构的改变及其原因。例如，当家里的顶梁柱失去工作以后，其他家庭成员的生计策略及家庭关系发生改变。

(3) 家庭成员的角色、关系及互动模式。即不同家庭成员在家庭中的角色、权力以及家庭成员之间的关系亲疏程度和互动模式等。

(4) 家庭功能和家庭资源。基于以上信息可以得出关于家庭功能的判断。此外，还可以从中看到家庭的资源。

3. 绘制家谱图的步骤

基本上来说，家谱图的绘制遵循以下步骤：

(1) 了解求助者的基本情况，包括性别、年龄、受教育情况、职业、健康状况、兴趣爱好、人格特质、婚姻状况、亲子关系等。

(2)了解求助者父母的基本情况。包括父母目前的年龄或去世时的年龄、民族、生日和出生地、结婚日期、受教育情况、职业、健康状况、兴趣爱好、人格特质、父母之间的关系、父母与求助者之间的关系等。对于单亲家庭、继亲家庭以及其他的特殊家庭,可以对家谱图进行适当的调整和改动,以适应现实情况。

(3)了解求助者祖父母、外祖父母的情况。用上述步骤分别了解求助者的祖父母、外祖父母的情况及扩展的家庭成员的关系。

(4)求助者还要指出家庭其他成员持有的家庭规则、家庭价值和信念(对教育、对金钱的观念等)、家庭的禁忌和目标以及自己对于家庭规则、家庭价值以及家庭禁忌等的看法。

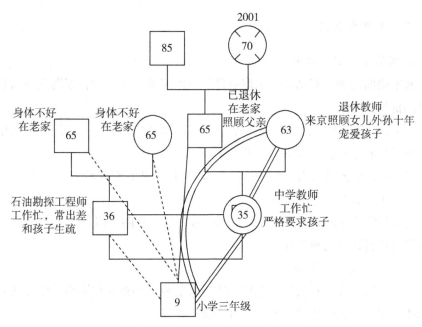

图 4-4 面临代际教养模式冲突困境的刘女士的家谱图

4. 分析家谱图

对家谱图的分析服务于家庭问题和需求的评估及干预策略的设计。一般来说,对家谱图的分析包括以下三个方面:

(1)分析家庭结构。包括核心家庭的类型、大家庭的构成、兄弟姐妹的排行及性别等。核心家庭有一般核心家庭,也有特殊的单亲家庭或再婚家庭,不同的家庭类型，家庭关系和功能会存在差异。大家庭的构成及兄弟姐妹排行等能够提供求助者所处的家庭网络及其在原生家庭和现在家庭中的角色的信息。

（2）分析家庭生活事件。包括不同家庭成员出生、离家、就业、结婚、分居、离婚、复婚、失业、生病、死亡及其他重大事件的日期和原因，了解家庭结构的变化及其所带来的家庭模式的改变。

（3）评估家庭关系模式与功能。分析家庭成员的角色，探索家庭成员之间的关系、家庭中的子系统及其互动，评估家庭的功能和家庭问题，探索家庭资源，为后续的方案涉及和干预做准备。

（4）追踪个体与家庭的生命周期。追踪家庭中不同成员的发展轨迹，此外，进一步追踪家庭不同世代所处的家庭生命周期阶段及其任务的完成情况，从纵贯历史和横向界面两个维度呈现家庭的画面，探索问题发展的关键节点。

二、家庭生态图

1. 家庭生态图的作用

和家谱图记录家庭结构、家庭事件以及家庭关系等不同，家庭生态图有其自身的价值：

（1）家庭生态图记载了家庭和外界（生态系统）的关系，并掌握了家庭外在联结的优势和品质，以及有冲突的部分。

（2）除了匮乏和未满足的需求，生态图也呈现了资源从环境向家庭的流动，记录了家庭和社区的连接。

（3）生态图能够说明服务对象和环境的互动，有助于以整体和脉络化的方式对家庭进行评估与概念化。

2. 家庭生态图的标识

和家谱图一样，将大量信息压缩在单页的视觉和概念化影响是生态图的主要功能。家庭生态图反映了家庭的社会支持系统。

生态图是由一串相互联结的圆圈组成，这些圆圈代表家庭外部的各种系统。制作生态图的第一步是将先前做好的家谱图放在中央圆圈中，标明为家庭或家户。在这个中央圆圈之外的圆圈代表家庭成员生命中的重要他人、机构或组织。圆圈大小并不重要。内部圆圈和外部圆圈之间的线条显示现有联结的特质。直线代表深厚的关系，虚线代表淡薄的关系，折线则代表紧张或冲突的连接。

较粗的线条代表较深厚的联结。线条上的箭头代表能量与资源的流向。必要时，可加入其他的圆圈，这取决于重要互动的数目的多寡。家庭有所改变或家庭和社会工作者分享更多咨询后，生态图可以根据情况修改。图3进城务工者老李一家的家庭生态图，从中可以一目了然地看到家庭成员及家庭整体所处的生态环境和资源网络。

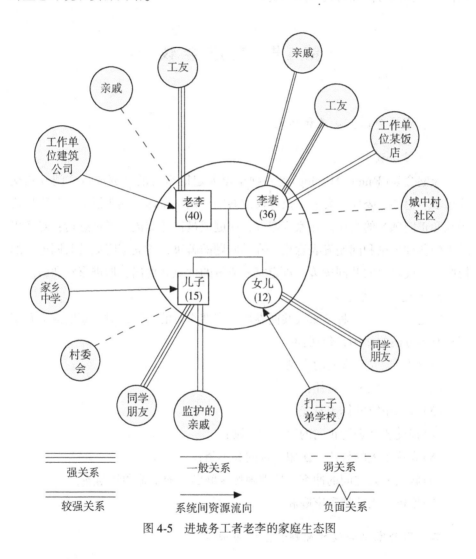

图4-5　进城务工者老李的家庭生态图

三、家谱图和家庭生态图在家庭服务中的应用

家谱图和家庭生态图产生之后，被广泛地应用于家庭治疗领域。虽然家庭服务不像家庭治疗那样集中于家庭关系的探索，但家谱图和家庭生态图在梳理家庭结构、家庭历史、家庭关系模式以及家庭与环境的互动、家庭资源等方面

的优势，使得其成为开展家庭服务的有效工具。简单来说，家谱图和家庭生态图既可以帮助社会工作者更好地认识家庭、判断家庭的问题和需求，又潜在地提供了干预的方向和可资利用的资源。

第五节 家庭会议

一、家庭会议：定义和功能

1. 家庭会议的含义

家庭会议（Family Meeting）是一种全家人定期举行的家庭成员之间互相交流想法、愿望、委屈、疑问以及建议或共同计划全家休闲娱乐活动、分享愉快经验和正向感受的会议。在家庭会议，家庭成员彼此交流、增进感情；对家里发生的各种争论和问题发表意见，推动问题的解决；建立家庭成员共同遵守的规则，达成重要的共同决策；肯定家庭成员的优点和付出，增进家庭和谐。

2. 家庭会议的功能

家庭会议作为一种全家人共同参加、定期举行的会议，对于家庭成员和家庭具有多方面的作用，包括：[①]

(1)倾听家人对彼此的意见；
(2)公平分派家庭责任；
(3)计划全家的休闲时光；
(4)彼此相互表达正向的感受和鼓励；
(5)表达个人的想法、愿望、疑问和牢骚；
(6)解决家人之间的冲突，处理困扰家庭已久的争论和问题等；
(7)增进家人感情和家庭和谐。

二、召开家庭会议的原则和注意事项

1. 召开家庭会议的原则

为了保证家庭会议的有效召开，台湾学者王以仁、陈淑惠等归纳出八点指

[①] 前六条参见王以仁主编：《婚姻与家庭生活的适应》，台湾心理出版社2007年版，第257-258页。

导原则,包括:①

(1)定期举行会议,把握时效。每次家庭会议在一小时以内,有幼童的家庭不宜超过 30 分钟。

(2)家庭会议的内容要明确、具体,且有变化。

(3)家庭成员轮流主持负责每次家庭会议。

(4)家庭成员共同制定并遵守议事规则。

(5)尊重每位成员的自我表达。

(6)当无法达成共识时,可以采用少数服从多数的原则。

(7)大家应共同遵守家庭会议的决议,并制定保证遵守决议的规则。

(8)家庭会议要有完整的记录,有助于提醒家庭成员达成的协议和承诺,也有助于记录家庭的改变和成长。

2. 召开家庭会议的注意事项

在家庭会议的召开中应注意几点:

(1)充分准备

事先计划好每次开会所需要的时间,按照约定来开会,留足家庭成员充分沟通交流的时间。

(2)平等尊重

所有家庭成员一律平等,不分男女长幼,每个人都可以担任主持人,每个人都需要遵守会议规则和协议。

(3)正向导向

家庭会议应把重点放在家庭可以做什么,而不是对某一个家庭成员提要求,时刻谨记,会议的目的是增进沟通达成共识,而不是强制和控制。

(4)寓教于会

在家庭会议中,父母要展示积极沟通的技巧,从而发挥影响孩子的作用。

三、家庭会议的内容和步骤

召开家庭会议的主要内容和步骤:②

(1)回顾上一次的会议记录,包括议题、内容和最后的决议等;

---

① 王以仁主编:《婚姻与家庭生活的适应》,台湾心理出版社 2007 年版,第 255-257 页。

② 王以仁主编:《婚姻与家庭生活的适应》,台湾心理出版社 2007 年版,第 258 页。

(2)讨论上次会议遗留的尚未解决的问题,以及需要加以修改的决议;

(3)表扬家庭成员的优点、进步等;

(4)讨论新的主题和事务,并提出计划;

(5)总结所讨论的要点做成决议,并清楚地征得全家人积极贯彻的承诺。

总之,家庭会议作为一种广泛应用于亲职教育的工具,可以有效增进亲子之间的沟通、理解和接纳,改善亲子关系;同时还是增进个体对自己行为负责的机会,促进个体适应社会生活和以符合人际关系的要求行事。作为工作者来说,要做的是教授家庭如何召开有效的家庭会议。

第五章 社会转型期的家庭和家庭问题

学习家庭服务，为什么要讲社会变迁中的家庭和家庭问题呢？这是因为正是由于工业革命以后由传统社会到现代社会的社会变迁，导致整个社会出现了很多问题，其中非常重要的就是家庭问题。家庭服务是为了应对社会变迁过程中的家庭问题而产生的一个实务领域，所以了解和分析社会变迁中的家庭和家庭问题，对于家庭服务学习者来说非常重要。

第一节 社会转型与家庭变迁

众所周知，家庭是一个多元的历史和文化范畴，在不同的历史阶段和不同的文化环境，人们对于家庭这项社会制度有不同的理解和要求。从人类学的角度讲，游猎社会、游牧社会、农业社会和工业社会各自有与之相对应的规范群体生活的家庭制度。在人类进入工业社会之前的很长一段历史时期，游猎经济、游牧经济以及农业经济三种不同的生计方式分别形塑了各自不同的家庭制度。虽然不同家庭制度在婚姻类型、家庭关系、居住模式以及继嗣规则等方面存在一定差异，但在物质资料生产和生育后代这两个基本功能方面基本一致。然而，工业化以及随之而来的急剧社会变迁，尤其是20世纪70年代以后的全球化，不仅蚕食着家庭制度的多样性，而且几乎完全颠覆了传统家庭所承担的功能。换句话说，工业化和全球化完全改变了传统社会的家庭组织。

下面以中国改革开放后的社会转型为背景，从家庭结构、家庭功能以及家庭关系三个方面来理解中国的家庭转变。[①]

---

① 本节部分内容在编著者署名文章《家庭社会工作实务的理论视野》（发表于《人口与社会》2016年第2期）论述过。

一、社会转型期的家庭结构转变

1. 家庭结构的历史性和文化性决定了其多样性

家庭概念的历史性决定了家庭结构必然随着社会变迁而变化;而家庭的社会文化性决定了即使是在同一历史时期,家庭结构也是多种多样的。按照不同的分类标准,可以划分出不同的家庭结构类型。按照家庭人口数量多寡和代际层次多少,可以划分为大家庭和小家庭;按照家庭成员居住模式,可以划分为从妻居家庭、从夫居家庭、两居制家庭及新居制家庭;按照继嗣规则,可以划分为父系家庭、母系家庭、双系家庭;按照家庭中的权力关系,可以划分为父权家庭、母权家庭、平权家庭、舅权家庭等;按照家庭代际层次和亲属关系,可以划分为核心家庭、主干家庭、扩展家庭以及其他家庭。

2. 改革开放前中国家庭结构的特点

虽然中国的工业化进程最早可以追溯到 19 世纪 60 年代的洋务运动,但是一百多年以来,真正从根本上完全改变中国社会结构的变革却是发生在 20 世纪 80 年代以后。1978 年改革开放前的中国依然是一个农业国家,超过 80% 的人口生活于农村[1],家庭结构也停留于适合农业生产和农村生活的形态,表现出以核心家庭和主干家庭为主、从夫居、父权为主等特点。

3. 改革开放后影响家庭结构的因素

改革开放以后,经济发展、人口流动、生育政策、社会政策以及大众传媒的普及,从多个维度冲击着普通人的家庭生活和家庭观念,并进而带来家庭结构的转变。

(1) 人口流动

进入 20 世纪 80 年代以后,随着改革开放的推进,中国的工业化、城市化、现代化齐头并进,由此带来的人口流动、观念变化强烈地冲击着原有的家庭结构。

(2) 计划生育政策

计划生育政策的严格执行也强制性地缩小了家庭规模,并进而带来居住模式、继嗣规则以及亲属关系等的调整。

(3) 城市化

---

[1] 新华网:中国户籍制度改革与城镇化进程 http://news.xinhuanet.com/ziliao/2009-12/29/content_12721147.htm.

进入 21 世纪以后，以中国加入世界贸易组织为标志，中国参与国际劳动分工的程度越来越深，"中国制造"蜚声世界，这也意味着越来越多的农村人口进入工业部门就业，与农村进城务工人员生计方式转变相伴随的是其生活方式和家庭观念的转变。

（4）大众传媒

以电视为主的大众传媒在城乡社会的普及，潜移默化地影响着人们的婚姻、生育、家庭观念，而观念的转变又反过来影响家庭结构。

（5）社会福利制度

2002 年党的十六大以来国家对民生问题的重视，尤其是社会保障制度的建设，也无形中改变着人们的生育观念、养老方式等，从而带来家庭结构的变化。

4. 社会转型期家庭结构的特点

社会转型期，宏观社会环境的急剧变化带来家庭结构的深刻转变。

（1）从规模上讲，由人口众多的大家庭为主向以三口之家或四口之家的小家庭为主转变；

（2）从居住模式讲，由从夫居家庭为主转变为新居制家庭为主；

（3）从继嗣规则讲，由父系家庭为主向双系家庭为主转变；

（4）从家庭中的权力关系讲，由父权家庭为主向平权家庭为主转变；

（5）从亲属关系讲，阶段性地表现出核心家庭和主干家庭之间的交替转换。

与此同时，必须引起重视的是，客观的社会经济条件的限制和主观的婚姻家庭观念的转变，导致隔代家庭（以农村留守人群为主）、单亲家庭、再婚家庭、同居家庭的比例越来越高，如何认识并且保障这些类型家庭的正常生活，已经引起家庭研究领域的重视。①

二、社会转型期的家庭功能转变

在传统社会，除了非生产性的游猎社会，无论是游牧社会还是农耕社会，家庭基本都承担了生产和消费、两性生活、生育、抚养和赡养、教育和社会

---

① 杨菊华、何炤华：《社会转型过程中家庭的变迁与延续》，载《人口研究》2014 年第 2 期。

化、感情交往、休闲娱乐、宗教以及政治等功能。① 可见，在传统社会，家庭作为基础性的社会单位，满足了家庭成员生理、心理、经济、政治、交往以及宗教文化等各个方面的需要。进入现代社会以后，一方面，家庭转变所带来的家庭结构的调整使得家庭很难再承担起所有的家庭功能；另一方面，原有家庭功能的社会化和外化使得人们的很多需要的满足不再局限于家庭中。两种力量共同作用，使得现代家庭所承担的功能越来越少。

1. 人口转变使得家庭的赡养功能弱化

人口转变是指由传统人口再生产类型（即高出生率、高死亡率和低自然增长率）向现代人口再生产类型（低出生率、低死亡率和低自然增长率）的过渡，即人口再生产模式由高水平的均衡向低水平的均衡的转变。中国在1949年之前，人口再生产处于高出生率高死亡率低自然增长率阶段；1949年以后，国家的鼓励生育政策和基础卫生医疗保障制度的建设，提高了人口的出生率，降低了人口死亡率，使得人口再生产进入高出生率低死亡率高自然增长率的阶段；20世纪70年代以后，随着计划生育政策由自愿到强制实施，人口出生率急剧下降，与此同时，经济发展和医疗技术的进步，极大地降低了人口死亡率，人口发展快速进入低出生率低死亡率较高自然增长率阶段，较高的自然增长率主要是由于死亡人口基数小于生育人口基数所致。

改革开放40多年来，经济发展不仅改善了人们的生活水平，而且促进了医疗技术的进步和卫生保健事业的发展，这些都使得人均预期寿命不断提高，中国从1999年开始已进入老龄化社会，不仅老龄化程度越来越高，且表现出高龄化趋势。与此同时，长期强制性计划生育政策使得代际间呈现出"4-2-1"倒金字塔人口结构，即人们通常所说的"少子化"。结果是，需要养老服务的老年人数量远远多于能够提供赡养的年轻人数量，从而使得家庭的赡养功能弱化。

2. 人口流动使得家庭满足两性生活、教育以及赡养的功能弱化

大规模的人口迁移是工业社会的基本特征。在工业社会，哪里有就业岗位，劳动力就流向哪里。人口迁移不仅表现在农业人口向非农部门、农村向城市的迁移，而且表现为非农就业部门内部或城市之间的迁移。就中国来说，由于户籍制度的限制，人口学意义上的人口迁移只能以人口流动的形式表现出来。虽然目前户籍制度已经有所松动，但是受流入地结构性和制度性因素以

---

① 朱炳祥：《社会人类学》，武汉大学出版社2009年版，第148页。

流入者本身人力资本和经济实力的限制,很多家庭成员不能够一起迁移,于是出现了数以千万计的留守妇女、留守儿童以及留守老人。

家庭成员空间上的分离客观上限制了家庭满足两性生活、教育子女以及赡养老人功能的实现,造成了比较严重的社会问题。但是也应该看到,留守妇女、留守儿童以及留守老人等群体都是阶段性的存在,必将随着经济发展和社会治理体制改革的进程而消失。

3. 社会化使得家庭的经济、教育、娱乐功能外化

与传统农业社会不同,现代工业社会的最大特点之一就是社会化,生产社会化、教育社会化、医疗社会化、养老社会化。在传统农业社会中,生产资料的占有、生产劳动的组织以及劳动产品的分配和消费都在家庭中完成,家庭承担了重要的经济功能。进入现代工业社会以后,基于技术变革的社会化大生产代替了以家庭为单位的小规模经济,家庭的生产功能基本消失。此外,随着现代社会劳动分工的细化和劳动的商品化,家庭在教育、娱乐等方面的功能开始为专业化的社会机构所代替。社会化使得家庭的经济、教育、娱乐功能全部外化或转移。

4. 家庭的消费功能和情感支持功能凸显

伴随工业化的推进,家庭的生产功能不断退化而消费功能不断提升。就在三四十年前,人们的消费习惯和生活理念还是"新三年旧三年缝缝补补又三年",但是近二十年进入物质丰裕的消费社会后,生活中的很多物品的更新换代速度越来越快,家庭的消费功能越来越凸显。与此同时,现代社会风险的不断加剧和个体脆弱性的增加,使得家庭所承载的情感支持功能也越来越突出。此外,虽然婚姻观念的变化和生育技术的进步,催生了"丁克"、未婚生育这些新的群体,但应该看到,在中国,这毕竟是少数现象,家庭依然承担着主要的生育功能。

三、社会转型期的家庭关系转变

1. 传统社会家庭关系的特点

家庭关系作为一种文化存在,主要由社会生产方式所决定。游牧社会、传统农业社会以及工业社会的经济类型完全不同,这决定了三种社会的家庭关系形态必然有差异。例如,开拓新牧场和频繁迁徙确立了游牧社会中男性在家庭中的主导地位,并进而使得父权制成为基本的社会制度。同理,传统农业社会的家庭关系主要服务于家族绵延和农业生产,犁耕和对畜力的掌控使得男性在

家庭的性别分工中占据优势地位，而农业生产的经验性提高了具有丰富生产经验的老年人的家庭地位，因此，在传统农业社会，男尊女卑、尊老敬老是家庭关系的基本特征。

2. 社会转型期家庭关系的特点

人类进入现代工业社会以后，工业化生产对家庭形式和性别分工提出了不同以往的要求，与此同时，新的家庭形式和性别分工生产出了新的家庭关系。现代家庭关系的突出特点是家庭关系简单化，男性和家长权威衰落，家庭成员之间的地位更趋平等。

在由传统农业社会向现代工业社会的转型过程中，中国的家庭关系也发生了很大的变化，除了表现出家庭关系简单化、家庭成员之间的地位更趋平等这一现代家庭关系共同的特征之外，计划生育政策导致的"少子化"和留守人群的存在，使得中国的家庭关系还表现出亲子关系亲密化与疏离化并存、同胞关系缺失、家庭支持减弱等特点。

第二节　社会转型期的家庭问题

由于社会转型所带来的家庭结构、家庭功能以及家庭关系的变化，家庭无论是作为初级组织还是作为社会制度，其内核都已经发生了重大变化，并在此过程中产生了诸多的家庭问题。但是，不可否认的是，家庭依然是个体最安全的庇护所，也依然是稳定社会的基本制度。因此，通过家庭服务解决家庭问题，调节家庭关系、恢复家庭功能成为必要。

一、社会转型期的夫妻关系问题

夫妻关系问题在中国古代社会是不成立的问题，因为古代很多夫妻的婚姻都是包办婚姻，而且基本上是嫁鸡随鸡、嫁狗随狗。女性嫁到夫家以后基本没有发言权，完全听从夫家，如果丈夫不满意一纸休书了断关系。所以几乎不存在什么夫妻关系问题。那如今为什么会成为一个问题呢？其实这也反映出女性地位在提高，开始伸张自己的权利。

1. 社会转型期常见的夫妻关系问题包括

(1)夫妻沟通问题。这是一个非常重要的问题，因为家庭情感功能越来越强，会使得夫妻沟通的重要性更加突出。夫妻关系作为家庭的基本关系，直接决定家庭的幸福程度。良好的夫妻沟通有利于促进夫妻沟通、减少夫妻冲突、增进夫妻感情；而不良的沟通或缺乏沟通，则往往会带来婚姻问题。夫妻沟通的问题主要表现为三种，即缺乏沟通、沟通不畅、沟通不良。当前的离婚现象特别多，除了为了获得经济利益或规避风险而主动选择离婚的情况，大多数离婚的发生和缺乏沟通有关系。一种是刚结婚的新婚伴侣，刚结婚没几天两个人觉得性格不合，选择离婚了；另一种是五六十岁的中老年人，在子女长大成人成家立业以后，选择离婚，为什么呢？原来他们在多年的相处过程一直存在沟通的问题，但又不知道如何改善，只能为了子女成长勉强在一起，等到孩子终于长大了不用再对孩子负责了，开始选择过自己想过的生活，于是决定离婚。由此可见，一方面夫妻沟通问题非常重要；另一方面大多数人缺乏沟通的基本知识，并由此导致婚姻质量较低或婚姻破裂。

(2) 夫妻的责任和权力问题。夫妻在一个家庭里生活，丈夫和妻子分别应该承担哪些责任和拥有哪些权力，是在家庭建立以后通过彼此磨合慢慢的明确，并形成相对固定的规则的。但是现实生活中的家庭是一个没法说理的地方，家庭成员总是认为自己是对的，这就出现夫妻责任和权力不明确的问题。

(3) 夫妻经济纠纷问题。夫妻经济纠纷问题包括夫妻在日常生活中的经济管理与维护以及离婚时或离婚后的财产纠纷、子女抚养纠纷、家庭财产纠纷以及赡养老人纠纷等。[①] 近些年由房产纠纷导致的离婚不在少数，随着房价的一路高涨，离婚率也一路高涨。

(4) 婚内出轨或者婚外恋的问题。婚内出轨，也称为婚外恋，指有配偶者与第三人发生婚外恋情的行为。在社会转型期，社会失序和失范所带来的人们价值观念和生活方式的多元化，使得婚内出轨已成为一种较为普遍的家庭问题。

2. 社会转型期常见夫妻关系问题的成因分析

一般来说，夫妻关系问题的产生不仅与夫妻双方的沟通互动和角色期待有关，还受到夫妻权力分配和与原生家庭关系处理的影响，是家庭内部多系统、多层面综合作用的结果。此外，生育事件、子女教育问题、工作变动以及迁居等家庭压力也都可能诱发夫妻关系问题。

---

① 朱东武、朱眉华：《家庭社会工作》，高等教育出版社 2011 年版，第 75-76 页。

(1)夫妻角色期望错位①

在当代社会,夫妻之间之所以会出现角色期望的错位,是多方面因素作用的结果。一方面,我国的"男女平等"的政策促进了社会资源的重新配置。在这一过程中,女性获得了教育和就业机会,越来越深地参与到社会劳动和社会生活之中,由此带来其社会和家庭地位的提升,从而拥有了挑战传统的家庭性别分工的资本和意识。另一方面,受传统性别观念影响,男性保留了延续传统家庭性别分工和传统婚姻性别关系的习惯。这使得职业女性肩负了"家里家外"双重责任,负担加重,角色冲突凸显。而对于男性来说,妻子因参与社会劳动和获得社会承认而继发的对于家庭支配权的挑战,同样导致了其角色适应不良。正是在传统家庭性别分工和婚姻性别关系这一问题上,妻子的挑战和丈夫的维护发生冲突,使得夫妻双方都产生了"不公平"的体验,引发了婚姻权力关系的失衡,从而导致夫妻关系问题。

(2)亲属关系处理不当

结婚不仅是夫妇两个组建新家庭的过程,而且是两个家庭缔结姻亲关系的过程。在中国的文化背景下,因婚姻缔结而形成的亲属关系是人们生活的重要组成部分,这也使得不能处理好各自原生家庭与新建小家庭的关系成为引发夫妻关系的重要诱因。因婆媳、翁婿、手足、姑嫂、妯娌、连襟等亲属关系处理不当而产生夫妻关系问题的情况极其复杂,可能涉及情感、理念、习惯、金钱、财产等,不一而足。

(3)家庭决策和财务管理权利不明

进入现代工业社会以后,随着女性受教育程度和经济地位的提升,部分女性开始挑战传统的父权制度,要求提高在家庭中的决策权力。这一变化挑战男性在家庭重大事项决策中的既有权力。在新的家庭决策分工形成以前,决策过程中的权力争夺会导致夫妻矛盾。此外,现代社会作为高度商品化的社会,金钱以及其他各种形式的财产,在家庭运转中发挥着重要作用,因此家庭财务管理权的重要性凸现出来。由谁掌握家庭财政大权也是引发夫妻矛盾的一个导火索。

(4)其他家庭压力

在家庭生命周期理论看来,在不同的家庭发展阶段,家庭需要面对不同的

---

① 张李玺:《角色期望的错位——婚姻冲突与两性关系》,中国社会科学出版社2006年版,第132-136页。

任务和压力，当夫妻双方不能有效应对家庭压力时，夫妻矛盾和冲突就会出现。除了上文提到的三种常见的家庭压力，有可能导致夫妻关系问题的压力还包括生育事件、子女教育问题、工作变动、迁居、家庭经济状况改变、社会经济政治环境变动等。

二、社会转型期的家庭关系问题

1. 代际关系问题

其实代际关系问题在古代社会也有，但是彼时是家长制，有孝文化的影响，晚辈理所当然的听从于长辈，长辈说一不二。在此情况下，家庭关系是比较简单的。而在现代社会，家庭关系趋于平等化和民主化，一方面是长辈由人生阅历和经验所树立起来的权威越来越弱，另一方面是晚辈有了发言权和发言的能力。这就使得代际关系，比如婆媳关系、翁婿关系都开始变得复杂。婆媳关系、翁婿关系属于姻亲关系，是通过儿子或女儿、丈夫或妻子的双重角色，而间接发生的关系。这种关系既没有夫妻关系的情感基础，也没有亲子关系的血缘基础，唯一的基础是双方都与使关系得以形成的中间人有密切关系。如果中间人能够发挥黏合剂的关系，那么无论是婆媳关系还是翁婿关系，都不会有太大冲突；如果中间人不作为，甚至总是制造矛盾，那婆媳关系或翁婿关系将面临很大挑战。

2. 亲子关系问题

亲子关系是以血缘和共同生活为基础，家庭中父母与子女互动形成的、体现为抚育、教养、赡养等基本内容的人际关系。相较于其他人际关系，亲子关系具有不可选择性、不可替代性、持久性、亲密性、不平等性和权利义务的特殊性等特征。亲子关系是人一生中最早接触到的关系，也是人一生社会关系的起点，包含了亲子之间的联结和沟通。良好的亲子关系能够有效地促进个体的身心发育、情感情绪表达和道德品行养成，使个体成长为合格的社会人；而不良的亲子关系则不仅影响孩子的身心健康，而且可能为将来的反社会性埋下隐患。常见的亲子关系问题主要表现为亲子之间疏离淡漠、溺爱过度、沟通障碍以及矛盾冲突等。

亲子关系问题的产生是多种因素共同作用的结果，子代成长阶段、父母教养方式、父母经济地位、家庭形态和结构、家庭生态系统、社会变迁导致的代际差异等都会对亲子关系产生影响。

3. 其他亲属关系问题

从法律上来讲，亲属关系是指基于婚姻、血缘和法律拟制而形成的社会关系，包括夫妻、父母、子女、亲兄弟姐妹、祖父母和外祖父母、孙子女和外孙子女、儿媳和公婆、女婿和岳父母以及其他三代以内的旁系血亲，如叔伯、姑舅、阿姨、侄子女、甥子女、堂兄弟姐妹、表兄弟姐妹等。亲属不等于家庭成员，有亲属关系的人可能分属于多个不同的家庭；家庭成员并不绝对有亲属关系。夫妻关系、代际关系以及亲子关系问题，上面已有所论及，因此这里所指的是其他亲属关系。

亲属关系作为一种人所共有的基本社会纽带，可能成为家庭有效的社会支持网络，也可能引发一系列的家庭矛盾。那么，兄弟姐妹、叔伯、姑嫂、妯娌、连襟这些亲属之间会因为什么爆发矛盾呢？比如老人赡养的问题。城市老人有退休金，子女不赡养可以去养老院，但是在农村由老人赡养所导致的家庭关系矛盾特别多，子女之间经常会因为老人的经济赡养、生活照料以及医疗费用分担而爆发冲突。有一次下乡调研时，遇到一位老人特别热情地和我说现在国家的新农保好啊。问为什么好呢？他说，新农保是我最亲的儿子，几个孩子都不养我，只新农保每个月按时发到我手上。促发亲属关系矛盾的另一个点是财产的继承问题。北京电视台的《第三调解室》节目相信很多人看过，节目中调解的问题大多数涉及财产继承问题。父亲、母亲老了，但是老太太老先生有财产，然后几个孩子就开始争财产，并在此过程中发生激烈纠纷。这都是当下比较常见的引起亲属关系问题的原因。

三、社会转型期的家庭教育问题

狭义的家庭教育是指一个人来到人世间后所接受的最初的、最基本的教育，一般指家庭中的父母或其他长辈有意识地通过言传身教和家庭生活实践，对子女或晚辈施以一定教育影响地社会活动。家庭教育和学校教育、社会教育并成为教育的三大支柱。

在当今社会，无论是在城市还是乡村，无论是社会精英还是一般社会成员，都对孩子的教育给予了前所未有的关注和投入，然而，当前的家庭教育问题却越来越突出。

1. 家庭教育整体表现出重智力培养、轻德行养成的问题

每个孩子都承载了家庭的希望，父母非常重视孩子的智力培养，在孩子的文化知识学习和才艺训练方面投入了大量的时间、精力和钱财，但往往忽略对

孩子思想品德的培养和良好行为习惯的养成。

2. 家庭教育中单向沟通或缺乏沟通的问题

随着社会竞争日益激烈，生活节奏加快，父母或忙于工作，或忙于学习提升自我，很难有充足的时间投入在孩子的照顾和陪伴中，因此在与孩子的日常沟通中就表现出目标导向的单项沟通，命令和要求多，而倾听少；更有甚者，直接把孩子交给老人或保姆照看，亲子沟通极度缺乏。

3. 家庭教育中的期望过高问题

少子化甚至独生子女化所带来的突出问题是家庭对孩子倾注了过高的期望，"不能输在起跑线上"几乎成为所有家长的共识，很多家庭都努力通过超过自身能力范围的资源投入来保证子女的未来成就，不分城乡、不分地域。城市里有海外陪读的"顺义妈妈"，乡村有乡-城陪读的"陪读妈妈"。教育演变为一场家庭财力、父母精力投入的比拼。这不仅给孩子造成了巨大的心理压力，而且养育孩子本身也成为一项具有挑战性的高难度任务。

4. 家庭教育中的隔代抚养和教育以及由此产生的问题

隔代教育是指由于父母工作繁忙或生活条件艰苦，只能把子女交给上一代人抚养和教育的情况。目前隔代教育在留守儿童中最为普遍，部分城市儿童也属于隔代教育。受自身精力限制、隔代亲以及时代差异等的影响，隔代教育往往容易导致过度溺爱和迁就孩子、照管方式不当、教育观念和教育方法陈旧等问题。

四、家庭暴力问题

家庭暴力问题一直存在，但是古今中外，家庭暴力问题很长一段时间都不被作为一个问题来对待。这是因为在古代社会妻子和孩子都被界定为是丈夫的财产，那既然是财产就可以随意支配，何况是殴打。在中国和西方历史上都有很多关于公开殴打、出租、买卖甚至杀害妻子和孩子的记录，所以说家庭暴力是一个饱含了现代人权观念和价值取向的概念。家庭暴力于1971年首次在 Journal of Marriage and the Family 中提到，并于1975年被界定为社会问题①。

1. 家庭暴力的含义和特征

家庭暴力指对家庭成员进行伤害、折磨、摧残和压迫等人身方面的强暴行

---

① 宋丽玉：《婚姻暴力受暴妇女之处遇模式与成效——华人文化与经验》，台湾洪叶文化事业有限公司2013年版，第1页。

为,其手段包括殴打、捆绑、残害、拘禁、折磨(限制衣食住行、超强度劳动)、凌辱人格、精神摧残、遗弃以及性虐待等。① 按照不同的分类标准,家庭暴力可以划分为不同的类型,并对受暴者、其他家庭成员以及家庭关系产生严重的负面影响。

(1)家庭暴力的表现形式

从表现形式看,家庭暴力主要有身体暴力、精神暴力和性暴力三种形式。身体暴力是指行为人以殴打、捆绑、残害、强行限制人身自由或其他手段给其家庭成员的身体、精神等造成一定伤害后果的行为。精神暴力和性暴力是指通过暗示性的威胁、言语攻击、无端挑剔,或漠不关心对方,将语言交流降到最低限度、停止或敷衍性生活等隐性暴力行为。②

家庭暴力一般发生于有血缘、婚姻、收养关系,生活在一起的家庭成员间,包括婚姻暴力(含同居暴力)、虐待儿童、虐待老人以及手足暴力等。婚姻暴力(含同居暴力)通常表现为身体暴力、精神暴力、性暴力以及人身控制等。儿童虐待的表现有身体虐待、精神虐待、性虐待、疏忽等。老人虐待的表现形式有身体虐待、精神虐待、经济剥削或物质虐待以及疏于照顾等。手足暴力指发生于兄弟姐妹之间的暴力行为,包括殴打、恐吓以及性攻击等。③

(2)家庭暴力的特征

家庭暴力具有隐蔽性强、再发率高、危害严重等特点,不仅会伤害受暴者,给受暴者造成轻度或重度的身体和精神痛苦,而且对于家庭稳定、子女成长以及社会和谐都有消极影响。④ 首先,家庭暴力会侵害受暴者的人格尊严和身心健康,甚至威胁生命安全;其次,家庭暴力严重伤害了家庭成员之间的感情,破坏了家庭稳定;再次,家庭暴力往往以直接或间接的方式对家庭里未成年人的身心健康造成负面影响,破坏其正常生活和健康成长的轨迹;最后,家庭是社会的基础细胞,"家和万事兴",家庭稳定是社会稳定的前提,家庭暴力给社会带来了不稳定因素。

2. 家庭暴力的成因分析

家庭暴力不仅是中国存在,在全世界的各个民族各个国家里面都有。从成

---

① 张亚林、曹玉萍:《家庭暴力现状及干预》,人民卫生出版社2011年版,第1页。
② 朱东武、朱眉华:《家庭社会工作》,高等教育出版社2011年版,第88页。
③ 朱东武、朱眉华:《家庭社会工作》,高等教育出版社2011年版,第92-95页。
④ 张文霞、朱东亮:《家庭社会工作》,社会科学文献出版社2005年版,第283-284页。

因来看，家庭暴力问题是社会性别文化、家庭权力分配、家庭关系、个人缺陷以及社会和法律等多重因素复杂作用的结果。

(1)传统性别文化的影响

传统封建社会"夫权至上""父权至上"思想在一些地区依然有着根深蒂固的影响，使得男女在家庭和社会结构中的地位严重不平等，并渗入每个社会成员的心理和行动中。男性通过控制和支配女性的身体和思想来实现中家庭中的男性统治，并在男尊女卑、重男轻女的性别关系实践中为性别暴力提供了土壤。

(2)家庭资源分配和权力不平等

在一个家庭中，占有较多资源的家庭成员往往具有较高的权力，形成对其他成员的支配关系，成为家庭暴力产生的潜在因素。此外，在家庭资源分配和权力不平等的情况下，家庭成员容易就资源和权力的争夺产生分歧、矛盾甚至冲突，引发家庭暴力。

(3)家庭关系存在问题

家庭社会学将家庭视为一个系统，往往会从家庭成员互动、家庭关系以及家庭压力和家庭危机等方面来探索家庭暴力的形成原因。在家庭发展理论看来，家庭有其生命周期，在家庭形成到走向解体的整个过程中，在不同阶段，家庭会面临不同的压力，如果不能得到有效解决，就会发展为家庭问题，家庭暴力是一种形式。此外，从系统理论讲，家庭是建立于家庭成员子系统互动基础上的系统，家庭暴力作为家庭的病灶，其根源在于家庭成员互动和家庭关系出现了问题。

(4)施暴者的个人缺陷

施暴者的个人缺陷既包括暴力倾向因素，也包括心理和行为等问题。暴力倾向因素是指个体本身持续存在的容易产生暴力行为的潜在倾向。其原因既有可能是儿童有过受虐的经历和创伤；也可能是生物学上的侵略型人格特质。心理倾向因素主要从施暴者个人的人格特质与心理异常来解释家庭暴力的发生，例如人格缺陷、情绪不稳定、低自尊等。行为倾向因素主要从施暴者不良的行为习惯来解释家庭暴力的发生，例如赌博、酗酒、药物或毒品上瘾、嫉妒、将暴力作为控制手段、否认或淡化暴力的严重程度等。

(5)社会文化和立法执法方面的原因

中国人素有"家丑不可外扬"的社会心态，认为家庭暴力属于家庭私事，其他人不应介入或者难以介入。这使得施暴者因其施暴行为缺少社会监督和公众谴责而有恃无恐。此外，法律干预效果不佳也是原因之一。在2016年《反家庭暴力法》正式实施以前，我国虽然已有《妇女权益保障法》《未成年人权益保障法》以及《老年人权益保障法》等相关法律，但由于其对家庭的干预过于分散，所以使得效果有限。2016年《反家庭暴力法》正式实施以后，法律执行的细节还存在一些漏洞，例如公安机关对暴力伤害程度的敏感性和重视度、受暴者的庇护安置等，难以完全保障受暴者的权利。

五、社会转型期的特殊家庭问题

在社会转型期，一些特殊家庭的问题也越来越突出。特殊家庭，是指非主流或非传统的家庭类型，一般是由于家庭结构、家庭功能或其他特殊原因而表现出与普通家庭不同的特征，比如单亲家庭、重组家庭、留守家庭、同居家庭、残障家庭、失独家庭、贫困家庭等。这些家庭的出现本身与社会转型有密切的关系，由于其特殊性而可能面临着普通家庭所没有的各种家庭问题。

1. 单亲家庭问题

单亲家庭指没有配偶、也未同居的父母一方，与其未成年的、受抚养的子女共同生活的家庭。按照单亲原因，可以将单亲家庭划分为丧偶单亲、离异单亲、分居单亲以及未婚单亲四类。从国际趋势来看，丧偶单亲和分居单亲的比例逐渐下降，离异单亲和未婚单亲的比例逐渐上升，尤其是未婚单亲已经成为发达国家的重要社会问题之一。而在中国，由结构因素和制度因素导致的分居单亲一直是中国单亲家庭的主要类型，21世纪以后，离异单亲的比例越来越高，近年来，未婚单亲问题开始显现。

相较于普通家庭，单亲家庭更容易面临经济贫困、子女教育困难、亲子关系紧张以及社会支持缺乏等问题。

（1）经济贫困问题

大家可能会说传统中国社会也有单亲家庭，怎么感觉问题没这么严重呢？这是因为传统中国社会的家族宗族制度，一定程度上承担了家族宗族范围内的恤孤济贫事务，保障了单亲家庭成员的基本生存。但是现代社会的单亲家庭能够获得的社会支持极为有限，还面临社会舆论压力，所以更容易陷入困境。比如经济贫困问题，不管是母亲单亲家庭还是父亲单亲家庭都容易发生这种问题。

（2）单亲家庭的子女教育问题

家庭中的教育不仅仅是以语言为方式的知识的传授过程，而更多的是通过言传身教、耳濡目染进行的德行品质、生活尝试、生存技能以及文化知识的综合教育。在一般的家庭中，父亲和母亲分担了子女社会化的任务。但是在单亲家庭中，单亲家长要承担所有的教育任务，而人的精力和能力都是有限的，必然容易顾此失彼。此外，子女长期面对一种亲职也是单亲家庭天然的缺陷，更有可能面临子女教育问题。当然也有家庭治疗师认为我们不应该夸大单亲对子女成长的影响，因为孩子会很巧妙地从环境中创造家庭中所缺失的角色，比如从其他家庭成员身上学习，甚至根据印象创造出缺失的角色①。

(3) 单亲家庭的社会支持问题，尤其是单亲母亲的社会支持问题

受社会传统观念影响，相较于单亲父亲，单亲母亲面临更不友好的社会舆论环境，能够获得的社会支持也更为有限。比如曾经有一个新闻报道一位离异的单亲妈妈春节的时候都不能回她母亲家过年，只能住宾馆，因为当地风俗认为嫁出去的女儿春节回娘家不吉利。所以单亲母亲家庭的社会支持状况是非常堪忧的。

2. 重组家庭问题

重组家庭(Reconstituted Family)又称为混合家庭(Blended Family)和继亲家庭(Step Family)，属于再婚家庭(Remarried Family)的子类，是指父母双方或一方在丧偶或离异后再婚，从而形成的继父或继母和继子或继女共同生活的家庭类型。

由于家庭中血缘关系和法律关系的不一致，重组家庭往往面临更复杂的家庭生活，也面临着更多的挑战，比如经济压力、扮演继亲角色的困难、父母具有不同的风格、缺乏夫妻单独相处的时间以及因孩子而延伸的与前任的联系等。这些都使得重组家庭更容易产生家庭问题。

(1) 重组家庭的夫妻关系问题

相较于初婚，再婚的夫妻会面临更艰难的适应过程。有很多人谈恋爱的时候会问对方和以前男朋友或是女朋友在一起多久，如果之前恋情持续时间很长的话，有些人可能就不太愿意继续。这是因为他认为对方可能留下太多过去生活的影子。同理，婚姻关系也是如此。和前夫或前妻共同生活几年、十几年甚至几十年，已经形成了相对固定的夫妻相处模式，再婚以后，要去学习习惯另一个人，可能会出现很多不适应。因此，需要在新的夫妻关系模式形成方面做

---

① [美]维琴尼亚·萨提亚：《联合家族治疗》，台湾张老师文化事业有限公司2017年版，第84页。

很多努力。

此外，重组家庭的夫妻之间更可能因为财产、经济原因或子女原因而产生矛盾，相较于一般夫妻关系更加脆弱。所以，调适夫妻关系对重组家庭格外重要。

(2)重组家庭的亲子关系问题

重组家庭中的亲子关系也比较微妙。由于不存在血缘关系，而且一定程度上是继父或继母是对继子或继女亲身父亲或母亲角色的替代，所以继子或继女与继父或继母之间存在天然的隔阂，相处中也更容易发生理智和情感的纠结。这就使得与继子或继女建立和保持较好关系，成为一件比较困难的事情。过分冷淡会把继子或继女推得更远；而过分热情又会引起继子或继女的怨恨。同一个巴掌打在自己孩子脸上没有事情，但是如果打在继子或者继女身上，可能会是一辈子的仇恨。所以，重组家庭的亲子关系调适同样非常重要。

3. 失独家庭问题

失独家庭是指独生子女死亡，其父母不再生育、不能再生育和不愿意收养子女的家庭。随着失独家庭规模越来越大，而且主要是政策导致的失独，所以，失独家庭的问题日渐由个人和家庭的焦虑演变为一个为社会广为关注的公共议题。国家统计局人口和就业统计课题组2015年的研究表明，失独家庭的规模约为66万户，占所有家庭户的0.16%，其中城镇38.2万户，乡村27.6万户；失独家庭的平均户规模为3.29人，2人以下户比例比独生子女家庭高13.4个百分点，一代户比例比独生子女家庭高14.4个百分点，有60岁及以上老年人口的家庭户比例比独生子女家庭高6.8个百分点。①

失独家庭面临的主要问题包括：经济困难、失去精神支柱、失去法定赡养人，遭遇就医、养老以及送终等问题。

(1)经济困难

对于靠土地为生没有正式固定经济来源的农村失独家庭来说，失去了子女的经济支持就意味着失去了生活保障；有些失独家庭由于独生子女就医治疗花光了家里所有的积蓄，还债台高筑；有些城市失独父母的退休金微薄，不足以支持晚年日常生活需求和医疗需求。

(2)养老送终问题

---

① 国家统计局人口和就业统计司课题组冯乃林、胡英、武洁、杨建春、肖宁：《中国失独妇女及其家庭状况研究》，载《调研世界》2015年第5期。

独生子女的离世使得失独父母的晚年生活失去了最重要的赡养人和照顾者，去世以后的后事料理问题也充满不确定性。所以养老送终问题成为失独家庭面临的共同困难和问题。

(3) 余生失去精神支柱

独生子女的离开，对父母情感、心理和精神上的打击是巨大的，不少人深陷哀伤痛苦而不能自拔，生活失去了精神支柱，尤其是失独之后的前三年。

(4) 疾病和就医的问题

随着年龄的增长，失独父母陆续开始遭遇各种疾病折磨，病中床前无子女后代伺候，无论是从现实上还是从情感上都令人难以接受。加之医疗机构明文规定住院、手术等需要家人签字确认，这也是计生特殊家庭遇到的现实困难。

除了以上几种特殊类型家庭问题之外，留守家庭、同居家庭以及残障人士家庭也都面临各种各样的家庭问题。此外，同作为风险家庭，单亲家庭、失独家庭、残障人士家庭等都更容易遭遇经济困境而成为贫困家庭。这也进一步说明家庭救助服务并不能够解决贫困家庭的所有问题，还需要其他针对家庭系统以及整体家庭环境的干预。

六、社会转型期家庭服务的重点

社会工作家庭服务领域的产生，源自于 19 世纪西方工业化背景下所产生的诸多家庭问题，包括经济贫困问题、家庭沟通问题、家庭关系问题、家庭暴力问题以及家庭教育问题等，其目的在于通过发掘家庭优势，链接社区资源，完善家庭功能，帮助家庭或者说是来协助家庭更好地来面对这些问题，并且能够探索出解决这些问题的一些方法。

1. 家庭关系的调适

在社会转型期，家庭问题主要集中于家庭所处环境和家庭境况变化所带来的家庭关系问题，这是变迁社会家庭的基本特点。这是因为社会转型使得家庭身处其中的社会环境以及家庭的境遇秩序发生了变化，但家庭以及家庭成员受长期形成的思维和行为惯性影响，并不能够同步地认识到并且做出调整和改变，从而使家庭角色之间的互动出现问题，影响到家庭功能的发挥。因此，家庭服务的重点首先应该放在家庭关系的调适方面，良好的家庭关系是家庭发挥功能的前提。工作者可以通过协助家庭成员制定家庭规范、帮助家庭成员家庭角色的成长以及促进家庭成员的有效沟通等，并在此基础上恢复家庭功能。

2. 营造和倡导支持家庭的环境

家庭生态系统理论、家庭压力理论、家庭危机理论等告诉我们，家庭不是处于真空中，而是嵌入在实实在在的社会环境中，家庭本身的处境、家庭成员的状况以及家庭关系无不受到外部社会环境的影响。当外部社会环境处于急剧变迁过程中时，环境的不稳定性很容易导致家庭的脆弱性。因此，工作者需要认识到，在社会转型期，健康的家庭不是只依靠家庭成员的努力就可以实现的，环境的因素也非常重要。如果没有支持性的环境，家庭成员的努力很难奏效。

因此，工作者一方面需要直接通过链接各类社会资源为家庭营造支持性的社区环境。另一方面从宏观上发起政策倡导和社会倡导，包括向政府倡导制定完善家庭政策，为家庭服务的开展和家庭福利的改善提供条件；向社会倡导关爱贫困、单亲、失独、孤老等弱势群体家庭，动员社会力量开展针对这些家庭的物资捐助和志愿服务等。

第六章 恋爱择偶咨询服务

很多人看过简·奥斯汀的小说以及改版的电影《傲慢与偏见》后，对男女主人公达西和伊丽莎白之间通过彼此深入了解逐渐消除傲慢解除偏见的爱情故事印象深刻。但事实上，这部被称为爱情教科书的作品，不仅向读者展示了多种多样的婚恋观和爱情模式，更重要的是揭示了哪些因素阻碍了人们获得理想的爱情和婚姻以及理想的爱情和婚姻应该是什么样的。

千百年来，爱情和婚姻之所以成为文学和艺术作品且亘古不变的主题，一方面是因为婚恋本身是大多数人类生命中最重要的情感生活，另一方面是因为围绕着婚恋问题人类有着太多的困惑和迷思。大多数人类会经历婚恋，但很少有人真正领会了爱情的真谛和婚姻的本质。所以在感情的世界中，要么随波逐流，要么痛苦不堪。

恋爱择偶咨询的意义就在于帮助服务对象梳理清楚自己想要的情感生活和恋人类型是什么样的，可以获得的情感生活和恋人类型又是什么样的以及如何才能够获得所期待的爱情和伴侣等。关于恋爱择偶咨询，在学习实务之前，工作者需要先了解一些关于爱情和择偶的基本理论。这是因为理论是对现实经验的提炼和归纳总结，学习理论有助于工作者更好的认识现实。当然，由于时间和空间的限制，理论和现实之间毕竟有一定距离，并非完全一致。比如说西方的爱情理论直接套用在中国，可能会不太适应。再比如说，古代的爱情理论必然也不可能完全适用于当代。但是，理论的价值在于可以为实务提供参考。

第一节 关于爱情的理论

一、爱情的组成和爱的测量

1970年，美国学者齐克·祖宾（Zick Zubin）对爱情的组成部分与测量方式提出了他的见解。祖宾认为爱情有三个组成部分，包括联合与依赖的需要

(affiliative and dependent need)、帮忙的倾向(predisposition to help)以及独占和融合(exclusiveness and absorption)。① 其实我们会发现,祖宾关于爱情三个组成部分的见解也适用于其他的亲密关系,比如亲子关系、挚友关系等,正因此,他的理论自产生以后也受到了很多质疑。

除了爱情的组成部分以外,祖宾还专门设计了区分爱情和喜欢的量表,我们来看一下。

表6-1　　测测是爱情还是喜欢

爱一个人	喜欢一个人
(1)假如A心情不好,我就应该马上安慰他/她。 (2)我觉得我可以告诉A几乎所有的事。 (3)我发现我很容易忽略A所犯的错。 (4)我会为A做几乎所有的事。 (5)我想独占A。 (6)如果我永远不能和A在一起,我会觉得很痛苦。 (7)假如我寂寞的话,我第一个会想到去找A。 (8)我主要关心的是A的福祉。 (9)我会原谅A所做的任何事。 (10)我觉得该为A的幸福负责。 (11)当我和A在一起时,我会花很多时间看着他/她。 (12)A告诉我秘密时,我会很高兴。 (13)没有A的话,我会活得很难过。	(1)当我和B在一起的时候,我们大多是一样的心情。 (2)我认为B很容易适应。 (3)我会高度推荐B一个需要负责任的工作。 (4)在我看来,B是一位相当成熟的人。 (5)我很相信B的良好判断。 (6)许多人在简短认识之后就会很喜欢B。 (7)我认为B和我是很相似的。 (8)我会在班级或是团体选举中投B一票。 (9)我认为B是一位很快赢得别人尊重的人。 (10)我认为B是一位相当聪明的人。 (11)B是我所认识的人中间最可爱的一位。 (12)B正是我自己想要成为的那种人。 (13)在我看来,B很容易受到别人的推崇。

资料来源:根据孙中兴:《爱情社会学》,人民出版社2017年版,第44-45页内容整理。

二、爱情的颜色理论

同样是在20世纪70年代初,另一位学者约翰·艾伦李(John Alan Lee)提出了他的爱的分类和爱的颜色理论。他把爱情分为六种类型,包括肉体之爱、同伴之爱、游戏之爱、疯狂之爱、实用之爱和利他之爱。② 肉体之爱主要表现

---

① 孙中兴:《爱情社会学》,人民出版社2017年版,第42-43页。
② 孙中兴:《爱情社会学》,人民出版社2017年版,第45-49页。

为感官上的强烈吸引或一见钟情;同伴之爱表现为在长时间的相处中积累起来的亲近感情,爱人之间是平淡而温柔的陪伴关系;游戏之爱表现为心中没有理想的伴侣形象,不能专注于与固定的伴侣发展关系,类似于人们所说的"游戏人间";疯狂之爱表现为爱的是爱的感觉本身,而不是固定的理想对象,这种感觉包括对爱的对象的迷恋和要求对方也迷恋自己,在爱的过程中表现出强烈的妒忌和占有欲;实用之爱简单来说就是从自我的需要出发去选择爱的对象,这些需要可能是实际又实用的物质和感官需要,也可能是价值观念、兴趣爱好、性格品格等无形的特质;利他之爱是一种无我的、付出型的爱,爱人者把让对方幸福作为一种义务,而不考虑自我的感受和需要。

表6-2　　　　　　　　　　　三原色爱情

肉体之爱	同伴之爱	游戏之爱
(1)我的爱人和我初次见面就相互吸引; (2)我的爱人和我之间有着刚刚好的身体"吸引力"; (3)我们的性爱是很密集和满足的; (4)我觉得我的爱人和我是命中注定要在一起的; (5)我的爱人和我很快就发生肉体关系/情感关系; (6)我的爱人和我彼此了解对方; (7)我的爱人符合我理想中外型美/帅的标准。	(1)一直到过了一段时间,我才发现我恋爱了(我很难说清楚友谊的结束和爱情的开始在什么时候); (2)我只有在关心过一阵子之后,才能够爱(我认为真正的爱首先需要一段时间的关心); (3)我仍然和曾经谈过恋爱的人保持着良好的友谊(我希望我爱的人会永远是我的朋友); (4)最好的爱情是从长期的友谊延伸而来的; (5)很难说清楚我的爱人和我是何时开始谈恋爱的(我们的友谊随着时间慢慢变成了爱情); (6)爱其实是一种深层的友谊,而不是一种神秘不可解的情绪; (7)我最享受的爱情关系是从好的友谊发展而来的。	(1)我尽量让我的爱人保持一点对我对他/她的承诺的不确定感; (2)我相信我的爱人不知道我的某些事情不会伤害到他/她; (3)我有时候要让我的两个爱人彼此不知道对方的存在; (4)我很容易而且很快会从失恋中恢复; (5)假如我的爱人知道我和其他人所做过的某些事情之后,他/她会很生气; (6)当我的爱人太过依赖我时,我就想要退缩一点; (7)我很享受和不同的人玩"爱情游戏"。

资料来源:孙中兴:《爱情社会学》,人民出版社2017年版,第53-55页。

李认为就像颜色有红黄蓝三原色一样,爱情也有三原色,六种类型中的前三种就属于爱情三原色,后三种属于爱情延伸色。疯狂之爱是肉体之爱和游戏之爱的混合;实用之爱是游戏之爱和同伴之爱的混合;利他之爱是肉体之爱和同伴之爱的混合。

1986年，克莱德·亨德里克和苏珊·亨德里克在李的爱情颜色理论基础上，提出了如何测量六种爱情。

三、爱情三角理论

爱情三角理论（the triangular theory of love）是1986年罗伯特·斯滕伯格提出的一个理论。斯腾伯格认为激情（passion）、亲密（intimacy）和决定/承诺（decision/commitment）三大要素构成了爱情三角，但不同要素所占的比重不同时，爱情三角会呈现出不同的形状，从而表现为不同的爱情类型。①

激情要素，通俗地讲就是能让我们爱情的感觉的东西，比如性的吸引、需求自尊、和他人发生连接、支配/服从他人以及自我实现等，主要是爱情中的性欲成分，由性所带来的情绪上的着迷。

表 6-3　　　　　　　　　　　延伸色爱情

疯狂之爱	实用之爱	利他之爱
（1）当我的爱人和我不愉快时，我的胃会不舒服； （2）当我失恋时，我会很沮丧，甚至想要自杀； （3）有时候我会因为恋爱而兴奋到睡不着； （4）当我的爱人不注意我时，我全身不舒服； （5）当我恋爱时，我很难对其他事情专心； （6）假如我怀疑我的爱人和别人在一起，我就无法放心； （7）假如我的爱人一阵子不理我，我有可能会做傻事来引起他/她的注意。	（1）在我给予承诺之前，我会考虑一个人的未来； （2）在我选择爱人之前，我会尽量仔细规划我的人生； （3）最好是和自己背景相似的人谈恋爱； （4）选择爱人的主要考虑是他/她对我家人的看法； （5）选择伴侣的一个重要因素是要看他/她是否会是一个好家长； （6）选择伴侣的一个考虑是他/她是否会帮助我的事业； （7）在和任何人深交之前，我会尽量发现他/她的遗传背景是否和我相似，这样对下一代比较好。	（1）我会竭尽所能让我的爱人渡过难关； （2）我宁愿自己受罪，也不愿我的爱人受罪； （3）我要把我爱人的幸福放在自己的幸福之前，才会感到幸福； （4）我通常会愿意牺牲我自己的愿望来达成爱人的愿望； （5）我所拥有的东西我的爱人都尽可以享用； （6）当我的爱人生我的气时，我仍然会无条件爱他/她； （7）我会为了我的爱人忍受一切。

资料来源：孙中兴：《爱情社会学》，人民出版社2017年版，第44-45页。

---

① 孙中兴：《爱情社会学》，人民出版社2017年版，第56-59页。

亲密要素强调爱情关系中的亲近感（close feeling）、连接感（connected feeling）和一体感（bonded feeling），侧重爱情关系中排他性的亲密关系体验。比如，你会为了他/她而做一些事情；希望和他/她分享自己的成绩和喜悦；能够充分地信任和依赖他/她；彼此之间愿意在对方需要的时候给予适时的情绪支持；非常默契，能够畅通地交流；等等。亲密要素和激情要素的区别在于，激情更多时候强调的是一种基于人的本能的性的吸引，而亲密主要指人的心理和精神上的体验。

第三个是决定/承诺要素，承诺是对维持关系的一种担保。承诺包括长期和短期两个部分。短期（决定）是指决定自己爱上某个人或和某个人建立情感关系；长期（承诺）是指承诺维持爱情关系。当然，长期和短期都是相对而言的。周国平先生曾经在《婚姻与爱情》这部著作里边写道："性是肉体生活，遵循快乐原则；爱情是精神生活，遵循理想原则；婚姻是社会生活，遵循现实原则。"可见不同的情感类型涉及的承诺是不同的。他这个归纳还是比较比较符合实际的不同的情感关系的。

斯特伯格将亲密、激情和决定/承诺三个要素进行不同排列组合，发展出八种不同的爱情类型：

表 6-4　　　　　　　　　斯特伯格提出的八种类型的爱情

爱情类型	呈现特征
喜欢式爱情（liking love）	只有亲密要素，没有强烈的激情和长期承诺。
迷恋式爱情（infatuated love）	只有激情要素，没有亲密和长期承诺，很多时候是一厢情愿的"单相思"。
空洞式爱情（empty love）	只有决定/承诺要素，没有激情和亲密。往往是在相处一段时间以后，已经失去感官的吸引和情感上的牵挂，只剩下承诺和责任。
浪漫式爱情（romantic love）	由亲密要素和激情要素构成，具有身体上和情感上的双重吸引力。比如西厢记里张生和崔莺莺之间的爱情，贾宝玉和林黛玉之间的爱情，西方的罗密欧和朱丽叶之间的爱情，以及安徒生童话里的白雪公主、人鱼公主等故事，都是浪漫式的爱情。
温情式爱情（compassionate love）	由亲密要素和承诺要素构成，表现为激情消退，亲密仍在，经常发生在已经没有性吸引力的婚姻关系中。

续表

爱情类型	呈现特征
愚蠢式爱情 （fatuous love）	由激情因素和承诺要素构成，一见钟情，然后闪婚。但激情消退后，光靠承诺很难维系下去，所以往往以分手收场。
完美式爱情 （consummate love）	由亲密、激情和承诺三个要素构成，各个方面都恰到好处。这种感情非常少见，也很难维系，但是人们追求的目标。
无爱（non-love）	缺乏任何要素，不涉及任何有意义的情感。

资料来源：孙中兴：《爱情社会学》，人民出版社2017年版，第59-61页。

关于爱情的理论用在恋爱择偶咨询时，可以协助工作者帮助服务对象澄清自己的爱情类型，明确自己的需要，有目的地寻找适合的爱情关系。

案例：

一位男士，一位女士，两个人是大学同学，关系非常好，毕业以后就结婚了。婚后，两个人在事业上都非常成功，女士在一家外企担任部门总监，男士创立了自己的企业。美中不足的是，一直没有孩子。后来，遭遇一次意外后，男士下肢瘫痪了。在瘫痪的最初两年，夫妻两人关系还是非常好的，妻子还是像以前一样对待丈夫，该亲密的时候亲密，该批评的时候批评，在亲戚朋友面前，也丝毫不回避，还和以前一样。但是这样过了两年后，两个人离婚了。亲戚朋友就议论纷纷，说这个夫妻关系就是经不起考验，丈夫一出问题，妻子就跑了。两人刚刚离婚后，男士就重新娶了一个年轻漂亮的女孩；女士一直单身。几年后，在男士的父亲过生日时，在老人的寿宴上，三个人都出现了。这时前妻就向她的前夫也就是这个男士求婚，男士马上就答应了。这是为什么呢？原来男士和他后来的妻子之间是一种花钱买性的承诺关系，纯粹是一个为了钱，一个为了性，一个负责给钱，一个负责讨对方欢心，两个人之间丝毫没有精神上的沟通，那这个就属于空洞式的爱情。丈夫之所以果断地接受了前妻的求婚，是因为他们之间之所以离婚是因为他不愿意因为自己下肢瘫痪而耽误自己的妻子，是因为太爱她了，想给她自由，让他重新寻找自己的生活。但是几年下来两个人发现彼此都不可能再找到像对方一样的能够精神上交流的人，所以选择复婚。所以说爱情两个字说起来似乎很简单，但实际上是非常非常复杂的。

四、爱情的阶级性

在古代传统社会，无论是在东方还是西方，都有一套关于婚姻的强制性的制度规范，比如说身份内婚制、阶级内婚制等，社会的强制性很强，个人的自主性是没有办法伸张的，纯粹的两性之爱不仅不被鼓励，还是社会打压的对象，这个在文学作品中有很多的体现。比如罗密欧与朱丽叶之间因为家族世仇而导致的情感悲剧；再比如西厢记里崔莺莺和张生之间的跨等级情感一直遭到崔老夫人的反对。这种"门当户对"的婚姻规范，反映出婚姻的本质是为了巩固家族利益和阶级利益，而不是爱情。

后来，在西方，伴随文艺复兴和启蒙运动的发展，在中国，从五四运动以后，肯定人的尊严和价值、倡导人生而平等的启蒙思想得到声张，这些思想对人们的爱情和婚姻观产生了重要的影响。人们开始挑战基于身份和社会等级考量的爱情和婚姻家庭观，强调婚姻应该以爱情为基础，而爱情应该是两个人基于纯粹的性和情感吸引的产物，也就是"浪漫之爱"。

但事实上，抛开婚姻不谈，爱情本身也是有阶级性的。这一点可能会被很多人质疑，因为毕竟我们生活在平等观念已经深植于人心的21世纪，而且倡导爱情婚姻自由也100多年了。然而，理想不等于现实，观念也无法完全真实地反映行动。所谓性的互相吸引，并不是脱离了社会情境的完全的生理上的吸引。这里面有很重要的社会背景，就是吸引对象的社会地位背景，或者说阶级背景。所以说，爱情是有阶层性的，这是谁都无法否认的现实。

了解和认清这一点对于工作者有什么帮助呢？工作者在做恋爱辅导时可能会遇到两个社会经济地位悬殊的恋人因为感情不被家长所接受而产生各种困扰的案例，可能有人会认为干预重点应该放在帮助他们获得家长的认可上，但事实上，这种处理方式未必妥当。这是因为爱情的阶层性不仅体现在我们会被什么样的人所吸引这个方面，而且会直接影响两个人日常生活中的互动，相处时间越长，这种影响可能越明显。当最初基于感官吸引的激情消失以后，两个人在一种长期的互动关系中会暴露出各种思维方式和行为习惯的差异，并进而对两个人的情感关系造成负面影响。而这些差异是各自原生家庭社会经济地位和文化习惯形塑的结果，虽然我们相信人具有通过学习改变自我的能力，但有些观念和潜意识层面的差异仍具有相当的稳定性。比如《金粉世家》中金燕西和冷清秋之间的爱情悲剧，几乎可以说是宿命。所以，在处理跨阶级/阶层的恋爱问题时一定要慎重。

第二节　有关择偶的理论

人们通常倾向于选择什么样的人成为配偶？关于这个问题，仁者见仁，智者见智，学者们通过研究，总结归纳出了以下几种择偶心理动机，可以帮助工作者引导服务对象明确其择偶心理。

一、父母偶像理论

父母偶像理论认为角色相配是挑选配偶的指导原则，人们对配偶的角色想象与期望指示着人们倾向于寻求符合自己期望的对象，比如寻找与自己异性父母类似的人结婚，作为自己父母特质的替代。该理论认为择偶过程是童年恋母或恋父情结的延续。①

众所周知，恋母情结，又称为俄狄浦斯情结；恋父情结，又称为厄勒克特拉情结，都是由精神分析学说的创始人弗洛伊德提出。俄狄浦斯情结来源于希腊神话中俄狄浦斯无意中弑父娶母的故事；厄勒克特拉情结来源于公主厄勒克特拉怂恿兄弟弑母替父报仇的希腊传说。弗洛伊德认为男孩通常有恋母情结，而女孩有恋父情结。恋父情结或恋母情结发展到成年以后，对择偶的影响在于人们在寻找配偶时，女士往往容易找自己的父亲相像的男士，男士往往容易找跟自己的母亲相像的女士，这就是父母偶像理论。后来有学者对父母偶像理论做了进一步发展，提出女士并不必然选择和父亲相像的男士，男士也不尽然选择和母亲相像的女士，人们容易选择和自己的异性父母相像的人结婚，不必然是因为恋父情结或恋母情结，而是家庭关系模式的代际传递性在择偶的过程中已经表现了出来。

二、需求互补理论

由美国心理学家罗伯特·温奇(Winch)提出，他认为男女择偶的过程，实际是发现能够给自己带来最大心理满足的对象的过程，人们倾向于选择那些能

---

① 阔杨：《社会学和心理学的择偶理论的比较分析》，载《社会心理科学》2008 年第 6 期；彭怀真：《婚姻与家庭》，台湾巨流图书公司 1996 年版；第 29 页。

满足自己内在心理需求的人作为配偶。从需求互补这几个字就可以理解到，在择偶的时候，人们会考虑两个人之间的互补性。这种互补不是人们通常意义上所理解的"郎才/财女貌""才子佳人"类的互补，更主要是指心理需求和个人动机方面的互补。比如说外向型的妻子和内敛型的丈夫互补、支配型的妻子和服从型的丈夫互补。但这一理论成立的前提是择偶自愿和文化鼓励男女发展婚前互动。①

三、社会交换理论

社会交换理论是20世纪60年代发展起来一个社会心理学的理论。该理论认为人的行为受潜在的报酬和代价评估的影响，那些能够给我们提供最多报酬的人对我们吸引力最大，人与人之间的关系是一种交换关系。中国有一个词叫"投桃报李"，还有一句话叫"来而不往非礼也"，很形象地揭示了人与人之间这种基于交换关系的心理感受和交往原则。

择偶中的社会交换理论认为某种类型的交换观念是婚姻的基础，择偶双方都是理性的，希望通过"交换"有形或无形的资源而实现"互惠"。交换可以发生于金钱、地位、容貌、气质、性行为的任意组合之中。② 有学者指出择偶的交换不同于市场中有意识的"讨价还价"，表现为一种无意识或下意识的选择，而且主观色彩比较浓。换句话说，不是围绕金钱、地位、容貌等的客观标准的交换，而是基于对这些的主观评价而形成的交换。"郎才/财女貌"式的择偶观念就属于典型的社会交换理论的体现。

四、同质性理论

同质性理论认为具有相同或者相似特征的人更容易相互吸引，这些相似可能是生理的、人格心理的，也可能是社会的。生理特质包括肤色、年龄、身高、体重和穿着等；人格心理特质包括态度、价值和人生观等；社会特质包括宗教信仰、教育程度和社会阶级等。同质性择偶不仅是个人的选择，还受到社会与文化规范的影响。这是因为同质择偶的优势是经过历史检验的。两个在生理、人格以及社会等各方面同质的人，更容易形成相似的价值观、人生态度和

---

① 邓伟志、徐新：《家庭社会学导论》，上海大学出版社2006年版，第66页。
② 邓伟志、徐新：《家庭社会学导论》，上海大学出版社2006年版，第66-67页。

行为方式，更有利于长期相处生活在一起。① 例如，"门当户对"的择偶，不仅反映出社会背景的相近，更反映出相似的价值观和生活方式等。

五、择偶三阶段理论

美国心理学家默斯坦（Murstein）认为择偶中双方关系的发展是个渐进过程，可以分为刺激、价值和角色三个阶段。这三个阶段中，任何一个阶段出现问题，都会导致关系的解体。以整个关系发展历程来看，刺激因素开始占较高比重，之后随着接触次数的增加而逐渐上升，但所增的幅度很小，最后会趋于平稳的水平；价值因素虽开始时的比重较低，但关系发展至"价值阶段"时，该因素比重会迅速提高，不过在"角色阶段"时，其比重也会趋于平稳，且最后平稳时所占比重比稳定后刺激因素所占比重要高；同样，角色因素开始最低，到"角色阶段"则会超越其他两个因素，且随着关系的继续发展，其比重也会不断地上升。②

1. 刺激阶段

在择偶过程中，一开始刺激人们的往往是感官信息，吸引来自一种感官的体验。感官信息不一定是外貌，还可能是气质或气场，但基本都是外在的东西。

2. 价值阶段

经过最初的感官刺激阶段，两个人已经相识了，就进入价值阶段，即通常所说的"三观"匹配的阶段。现在有很多人闪婚，但大多数结局往往不是很美好。为什么闪婚会闪出很多的问题呢？是因为虽然现在通讯技术越来越发达，人们有更多的交流机会和更高的交流频率，但是有一些问题还是需要时间的积累才能够了解到，比如说价值观。恋人们在一开始相处时，会有更多的耐心把自己塑造为对方喜欢或令对方满意的形象，但是经过长期的相处，必然会呈现出各自本来的样子。那么，两个人要保持长期关系的话，是需要有一些共同生活的基础的。在这些基础中，最重要的是价值观，即价值观是否匹配。当然价值观完全一致是不可能的，也未必就真的好，但两个人如果要长久生活下去，

---

① 彭怀真：《婚姻与家庭》，台湾巨流图书公司1996年版，第31-32页。
② 阎杨：《社会学和心理学的择偶理论的比较分析》，载《社会心理科学》2008年第6期。

至少要能够接纳和包容对方的价值观。闪婚容易出现问题的一个原因就在于婚前没有经过价值阶段，婚后暴露出价值冲突后没有适当的调和渠道，以致矛盾激化到关系破裂。

3. 角色阶段

关注的是已经确立了恋爱的关系的双方，日常互动中能否实现深度融合的问题。比如，一位追求浪漫的女士和一位工作狂男士相恋以后，双方能否适应对方的关系期待，以及多大程度上为对方做出调整。

默斯坦的择偶三阶段提示我们，在第一个阶段就步入婚姻是很危险的。如果恋人们先后经历了感官的刺激、价值观的了解和匹配以及角色的调和适应三个阶段的考验，还能够彼此接纳，那才能够说为婚姻做好了准备。

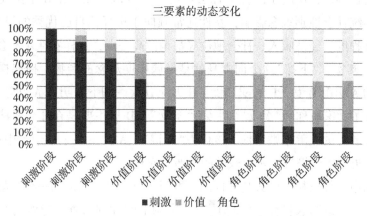

图 6-1 爱情三阶段刺激、价值、角色要素动态变化

六、择偶梯度理论

择偶梯度理论认为男性倾向选择与自己社会地位相当或者比自己地位稍差的女性为伴侣，而与此相反，女性往往更要求配偶在受教育、薪金收入和职业阶层等方面高于自己，也就是婚姻中常说的"男高女低"模式。①

---

① 阔杨：《社会学和心理学的择偶理论的比较分析》，载《社会心理科学》2008 年第 6 期。

邓伟志、徐新：《家庭社会学导论》，上海大学出版社 2006 年版，第 67 页。

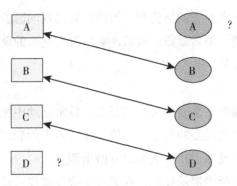

图 6-2 择偶梯度理论模型演示

如果说 A、B、C、D 表示四种不同的社会经济地位等级，A 表示最高的社会经济地位等级，D 属于最低的社会经济地位等级。无论是在中国还是在西方，受传统社会性别观念影响，女性通常倾向于选择比自己优秀的男性结合，比如教育程度、经济收入、社会地位等都稍微高一点，这样女性才不会觉得是"下嫁"。其实，"下嫁"这个词本身就是择偶梯度观念的产物。择偶梯度也就是常说的 A 男配 B 女，B 男配 C 女，C 男配 D 女。剩下 D 男和 A 女怎么办呢？A 女就成了大家所称的"剩女""胜女""圣女"；D 男主要是在社会经济地位方面都比较弱势的大龄未婚男性，被称为"光棍"。A 女主要集中于大中小城市，D 男主要集中于经济发展水平较差的中西部农村。

我国中西部农村地区大龄男性的婚姻问题目前已经发展为一个严峻的社会问题，其形成既与农村社会"重男轻女"影响下的性别筛查所导致的性别不平衡有关，也与婚姻市场的择偶梯度选择有关。因此，要从转变性别观念、杜绝性别筛查以及转变婚恋观念等多个方面寻求问题的解决。而对于 A 女来说，其婚恋问题的根本解决要依靠整个社会的性别观念和婚恋观念的转变，并不是说女性一定要向上择偶，而男性一定要向下择偶，才能够获得幸福。

以上简单介绍了父母偶像理论、需求互补理论、社会交换理论、择偶三阶段理论以及择偶梯度理论等择偶理论，除此之外，还有过滤理论等。过滤理论认为两个不相识的男女要结成终身伴侣，需要经过时空的接近——当事人的社会经济地位、教育水平等因素——相似性——需要的互补等四道关卡，才可能在一起。择偶的过程是一个不断过滤的过程。

董金权、姚成通过对《现代家庭》杂志 1986 年 1 月到 2010 年 10 月所刊载的 6612 则征婚广告进行内容分析，发现自 20 世纪 80 年代中期以来，中国青年择偶时始终最为关注对方的品德因素，且随着时代的演进，其关注度越来越高；年龄因素一直是位居第二位的因素，但出现淡化趋势；容貌和身高仍被看重，但其关注度已无上升空间，吸引力有限；健康、对感情的忠诚度、住房三大因素发挥着越来越重要的作用；职业因素的影响力表现出先下降后上升的趋势；学历、户籍两大因素由于与社会资源的关联度减弱，被关注的程度逐渐下降；事业心作为隐性潜能并没有被征婚者所重视；兴趣爱好因素至少在通过征婚广告择偶的人群中被忽略。①

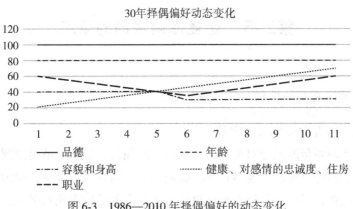

图 6-3　1986—2010 年择偶偏好的动态变化

七、择偶中的性别差异

受传统性别观念影响，男性和女性在择偶过程中表现出不同的倾向。比如，在生理条件方面，传统女性更关注对方的身体健康状况，传统男性更加关注对方的身材、容貌特征。在社会经济地位方面，传统女性更加关注对方的职业、收入、住房、发展前景等，而传统男性则不太计较对方的经济条件。在性格人品方面，传统女性更关注对方的人品修养和是否富有责任心，而传统男性更看重对方的气质、温柔、善良等特征。

以上董金权和姚成的研究也表明，性别是影响中国人择偶标准的一个敏感因素。1986—2010 年，男性对配偶的婚史状况要求比女性更高；女性对受教育程度的要求比男性高；在外在形象方面，男性总体要求比女性高，女性更在

---

① 董金权、姚成：《择偶标准：二十五年的嬗变（1986—2010）——对 6612 则征婚广告的内容分析》，载《中国青年研究》2011 年第 2 期。

于男性的身高,男性更在于女性的容貌;女性对感情忠诚度的要求高于男性;女性对于住房的要求高于男性。当然,随着时代的演进,男女两性在择偶方面也表现出一些趋势性变化,比如对教育程度和外在形象的要求逐渐降低,但对感情忠诚度和住房的要求逐渐提高。

总体来说,随着现代社会风险的增多、生存和生活压力的加剧、越来越多的女性参与社会劳动以及新的青年流行文化的影响,男性和女性的择偶观念也在逐渐趋同。

第三节 恋爱择偶咨询的重点

一、爱情类型和择偶心理测量及辅导

1. 爱情类型和择偶心理测量

工作者需要帮助辅导对象进行择偶的心理测量,包括爱情类型测量、择偶偏好测量、婚恋心理匹配度测量等。我们知道,西方人信星座,中国民间信生辰八字,现在很多中国年轻人也信星座,人们会通过星座或八字来预测自身运势或适宜的婚恋对象。很多门户网站有专门的星座板块,这里截取了两个知名门户网站的星座板块主题,大家可以看到,涵盖了各种测试、运势、解梦等很多内容,除此之外,还包括了配对指数的测试。此外,提供兴趣、婚恋观、婚恋心理等匹配度测试也是很多线上和线下婚恋公司的基本服务。

(1)择偶偏好的测量

爱情类型的测量请见上文斯滕伯格爱情类型测量量表。择偶偏好的测量是对个体的择偶观念、择偶标准和策略进行测量。心理学家编制了专门的问卷来对来访的择偶偏好进行测量。美国加利福尼亚大学心理学家高夫对已婚夫妇的择偶偏好进行了研究,发现夫妻在许多择偶偏好上是显著正相关的,如宗教、喜欢孩子、社会活动、智力、政治取向等。据此编制了一个76项婚姻偏好问卷。美国心理学家巴斯和巴恩斯对高夫的76个项目进行了因子提取,提取出9个维度,依次是:性情、喜欢孩子、社会适应、社会激情、个人才能、持家能力、职业地位、宗教和政治取向等。

(2)婚恋心理匹配度的测量

婚恋心理匹配度的测量主要是运用心理测量工具,对与婚恋有关的心理维度进行测量，再基于一定的匹配规则计算两个人的心理匹配度，匹配度越高，未来婚姻幸福的可能就越大。婚恋心理匹配度测量有两个关键点：第一是测评的维度确定，一定要和婚姻质量、婚姻满意度有很高的相关性；第二是匹配的规则，即在某个心理维度上，具有什么特征的人在一起更容易实现幸福婚姻。

(3) 量表和互动综合测评法

量表本身是人设计的，而研究者设计量表时，是以对本国某一个发展阶段的大多数人的情况的总结为基础的，所以婚恋测量量表本身表现出很强的社会特征、文化特征和时代特征。因此，一提到量表，我们就会说到信度和效度的问题。简单来说，就是适用于西方人的婚恋心理测量量表不一定适用于东方人，因为背后有很大的文化差异。即使是经过信度和效度检验的量表，工作者在使用的时候也要注意，量表结果只是提供一个参考，而不能完全依赖它对服务对象做出判断。人本身的复杂性要求工作者除了量表结果还要结合具体的互动过程来做判断。唯量表是从是很危险的。

2. 择偶心理辅导

通过择偶心理测量明确了服务对象的择偶偏好和婚恋匹配类型后，就要对择偶心理进行辅导，在这个过程中有两个要点。

(1) 帮助服务对象把其择偶标准具体化。具体做法是列出他看重的择偶标准，并进行排序。通过这样一个过程，引导服务对象理清楚哪些标准是择偶的主要要求，哪些标准是择偶的次要要求。此外，还可以引导服务对象列出必须具备的三项要求和不能忍受的三项要求，帮助服务对象参照这个简单标准来锁定择偶范围。

(2) 帮助服务对象了解自身恋爱中的优势和劣势。具体做法是引导服务对象回顾和反思自己的恋爱史，了解自己在恋爱交往方面的优势和劣势，从而有针对性地突出优势、弥补劣势，明确择偶方向，提高恋爱能力。

二、恋爱沟通技巧辅导

恋爱沟通技巧辅导是择偶辅导的另一项重要工作。长期以来，人们对于人际沟通没有给予足够的重视，尤其是在情感和家庭生活中，大多数人基本是依靠本能和经验和恋人或家人互动。事实上，实务经验告诉我们，在恋爱择偶过程中沟通是一个非常重要的问题，很多准恋人或恋人之间之所以发生矛盾，和不懂得选择恰当的沟通方式导致沟通不畅有很大的关系。

案例：

丈夫是一个特别喜欢家里干净整洁的人，妻子是一个工作狂。有一天丈夫下班回来已经很累了，本来不想动，但是看着家里很乱，就还是强撑着做家务，又洗锅又拖地。而与此同时，妻子继续沉浸于自己的工作世界，赶上丈夫拖地拖到脚下，妻子就来一句"老公你辛苦了！"，然后接着忙工作。等到丈夫把家务全都做完了，妻子又来一句"老公你太厉害了，家里被你收拾得好干净"！

以上案例呈现了一种夫妻互动方式。在他们这种关系里面，两个人为什么没有出现大的冲突呢？是因为妻子虽然没有分担丈夫的家务劳动，但是能够看到丈夫的付出，而且适时地给予肯定，就是平常老话说得"嘴甜"。而丈夫则能够尊重妻子的工作安排，并且接受妻子的表达习惯，也就是虽然身体上累，但心理上获得了满足。那反过来想一下，如果妻子没有对丈夫的家务劳动表达看见和肯定，而丈夫也没有对妻子的工作给予尊重，那他们之间的关系会如何？答案是显而易见的。所以这个案例其实从一个侧面反映出亲密关系中沟通技巧的重要性。

恋爱中的基本沟通技巧，主要包括换位思考、倾听、积极正面的肯定鼓励等。

1. 换位思考

在当下这个社会发展阶段，无论是男性还是女性，基本都面临着很多严峻的职业压力和生活压力，尤其是受传统社会性别分工影响，男性所承受的来自外部世界的压力可能更大一些。在这样一种社会背景下，可能恋人们在生活中会有意无意地对对方有一些疏忽或怠慢，比如因为工作单位临时加班而不能陪对方庆祝生日、因为要完成紧急工作而不能陪对方好好度假等。那这种情况下，工作者要指导双方，无论是疏忽怠慢的一方，还是被疏忽怠慢的一方，都要学会换位思考。要帮助前者学习体会到对方不被关注不被重视的失落，并给出力所能及的爱的表达；要帮助后者学会感受到对方不得不完成工作的无奈和焦躁，并给予理解；等等。

2. 主动倾听

大家在实务中经常见到这样的情形，一对恋人，一个喋喋不休，一个可能沉默寡言。平常情况下，可能还会觉得挺互补，但是遇到特殊情况，当有来自外部的压力时，可能前者就会嫌弃后者沉闷，而后者可能会嫌弃前者唠叨，进而可能升级为争吵。那一旦发生争吵，两个人就往往陷入非理性，情势一发不可控制。这种状态下，就显示出倾听的重要性。当压力发生时，两个人先要给对方足够的时间和空间,并允许对方以自己的方式来做出解释,然后再下判断。但很可惜,现实中的很多恋人,往往容易缺乏倾听的耐心,自以为是且武断地做出判断,从而错失了很多机会。

主动倾听可以帮助服务对象学会先充分地了解情况,然后再下判断;同时,主动倾听的过程本身也是给予对方尊重拉近两人关系的一种方式。因此,引导服务对象认识到倾听的重要性,并帮助训练其学会去倾听,是工作者的重要工作。

3. 积极正面的肯定鼓励

在恋人之间的互动和沟通过程中多一些积极正面的肯定和鼓励,少一些负面的抱怨和指责,可以有效地促进恋人之间的感情升温。在亲密关系中,负面消极的心理状态以及由此呈现出来的抱怨和指责,不仅无助于问题的解决,而且可能引起对方的逆反心理,激化矛盾,伤害感情。与之相反,积极正面的肯定和鼓励,意味着无论是在云淡风轻的日常生活中,还是面临矛盾和压力的时候,都首先要表现出一种肯定欣赏关心对方和处理问题的姿态,无论是通过语言、表情、文字还是行为,传递积极的信息和信号。

因此,工作者要帮助服务对象学习在日常生活中看见并肯定对方对家庭的付出、对方在学业或事业上的成就以及对方的一些表达关爱的行为或举动等,先要学会看见,然后才可能肯定,肯定的过程中就达到了鼓励的目的;此外,要帮助服务对象学会面对矛盾和压力时,能够做到不逃避、不指责,主动承担责任,和对方共同面对,让彼此感受到两个人之间的互相理解和支持等。

三、恋爱暴力干预

1. 恋爱暴力及其危害

恋爱暴力是在恋爱关系中,一方针对另一方的任何蓄意的言语、身体、心理以及性的攻击和伤害。

(1) 恋爱暴力的类型

从表现形式看,恋爱暴力主要有身体暴力、精神暴力、性暴力和行为控制四种形式。

①恋爱关系中的身体暴力是指一方以殴打、捆绑、残害、强行限制人身自由或其他手段给另一方的身体、精神等造成一定伤害后果的行为。

②恋爱中的精神暴力是指通过暗示性的威胁、言语攻击、无端挑剔,或漠不关心对方,将语言交流降到最低限度等隐性暴力行为,语言暴力、冷暴力以

及当下大家所热议的PUA(精神控制)都属于精神暴力。

③恋爱中的性暴力是指一方在违背另一方主观意愿的情况下,通过强迫手段使另一方与其发生任何形式的性行为、企图发生性行为、令人厌恶的性暗示或性骚扰、买卖行为等。

④恋爱中的行为控制是指一方无视和侵犯对方作为独立主体的权利,对另一方的人身自由和正常的日常行为横加干涉的行为,包括经济控制、饮食控制、社交控制等。

(2)恋爱暴力的危害

恋爱暴力不仅可能对受害者造成直接的身体伤害,还有可能摧毁受害者的意志,使其自信心下降、自我否定、精神抑郁等。此外,恋爱暴力对于恋爱关系的破坏是毁灭性的。因此,及时发现并且干预恋爱暴力非常必要。

案例:

小林是一个学新闻专业的大学生,非常优秀,长得也很漂亮,大四的时候在一家知名的传媒公司实习,表现好的话有可能留下来。她有一个男朋友小明,当时也是大四,正处于找工作的阶段,不知道是否能留在读书的城市,压力很大。小林的直接主管大强是本地人,也是一个非常优秀帅气的男士。小林进入公司工作以后,大强有意无意会流露出对小林的喜欢,而且他直接和小林承诺如果小林表现好的话,他可以和领导申请让她留下来。很明显,大强在利用和小林之间的上下级关系来发展进一步的关系。但小林认为自己有男朋友,所以没有回应大强。小林为了实习结束后能留在公司,工作特别积极卖力,所以非常忙,时间长了以后,男朋友小明开始生出怨言了,抱怨两个人在一起的时间越来越少。加之小明找工作很不顺利,所以对小林的情绪越来越多,然后在小林过生日的时候爆发了。小林生日这天,大强和她说,今天是你生日吧?因为他看过她的简历,所以知道小林生日是很正常的一件事。但小林不知道啊,她就特别惊奇,说你怎么知道我生日啊?然后大强还故弄玄虚,说我关心你当然知道你生日了,然后提出要陪小林过生日。小林考虑到小明还等着她回去一起庆祝呢,那怎么办呢?她犹豫来犹豫去,最后考虑到将来留公司还得靠大强,所以就答应和大强过生日了。两个人过了一个非常开心的生日。庆祝完后,大强送小林回学校,正好看到在宿舍楼下的小明,手里还拿着鲜花和蛋糕,而小明一看小林从一辆小车上下来,开车的还是一个很帅气俊朗的男士,顿时非常生气,一巴掌直接打到了小林脸上。这个时候小林又羞又气,本来她因为没有和小明过生日是有些愧疚的,想回来和他好好解释,但挨了小明这一巴掌后，她也不解释了，直接跑上了楼。两个人陷入了冷战。另一边，从这个生日过后，小林开始觉得大强确实在各个方面都非常完美，而且最重要的是他能帮助自己留在公司，所以有一次郊游回来以后，她就没有回学校，直接跟着大强回了家，并在大强引诱下发生了性关系。这是小林第一次性经历。但这次以后，大强对小林就越来越冷淡。后来小林才从同事们的私下议论中了解到，大强对所有的年轻漂亮的女同事一开始都很好，一旦占有了她们就开始疏远。小林这个时候才知道自己受骗了，同时，也觉得小明很委屈，所以就主动回去修复和小明的关系，两个人又和好了。但随着毕业的临近，因为两个人工作都还没有确定，都很焦虑，所以矛盾和冲突越来越多。每次冲突的时候，小明就会提起小林撇下他和大强过生日的事，说得次数多了后，小林忍无可忍，终于爆发，她告诉小明她不仅和大强过生日了，还发生关系了。小明听了气得发疯，又一次打了小林，而且这次把小林打到住院了。自此以后两个人就彻底分手了。这个故事最后的结局是小林依靠自己的能力留在了公司；小明因为没有找到合适的工作，离开了这座城市。

在这个案例里，大强对小林的欺骗性性侵，虽然是在小林自愿的情况下发生，构不成违法行为，但是已经违背了职业道德，应该予以谴责。我们把重点放在男朋友小明对小林两次实施的暴力行为。第一次是一个巴掌，这是一个不好的苗头；第二次暴力直接把小林打住院了。在这个案例中，虽然有一些个人过失，但小林显然是恋爱关系的受害者。这是因为：一方面，每个人都有人身自由权利，作为恋人，小明没有权利限制小林的社交，更没有权利因为她和别人过生日就打她一巴掌；另一方面，恋爱中男女两性的关系是完全平等的，强制性地要求女性保持贞洁，并因失贞而施以暴力是对女性的严重物化。这反映出男权思想影响下男性对女性的占有欲和控制欲，以及由此带来的对恋爱关系的负面影响。

该案例让我们看到恋爱暴力的普遍存在和当事人处置经验的缺乏。如果说在第一次发生暴力以后小明能够主动寻求帮助，找好朋友或者社会工作者帮助他来处理他的一巴掌对女朋友小林的伤害，并对自己的观念和行为进行反思，调整自己的行为，那可能后来就不会一再爆发冲突，也不会发生更消极的后果了。

2. 恋爱暴力干预

针对恋爱暴力的干预，主要包括事后应对和事前预防两个方面。

(1)恋爱暴力的事后干预

恋爱暴力的事后应对包括针对极端伤害案例进行危机干预、依法采取措施维护受暴者的合法权益以及转变施暴者和受害者的认知等。

转变施暴者和受害者的认知，包括帮助其认识到健康的恋爱关系应该是什么样的、恋爱中的双方是完全平等的等。工作者要帮助施暴者和受害者认识到，健康的恋爱关系是双方互相滋养共同成长的过程，过度自我中心或者完全放弃自我都是不健康的恋爱关系。前者强加于人，一味命令和要求对方，势必引起对方的反感和反抗；后者过分看重对方和关系，一味妥协退让，必然滋长对方的控制欲望。因此，这两种不健康的恋爱关系都容易产生暴力。

因此，工作者要帮助恋人们认识到健康的恋爱关系依赖于开放、坦诚的沟通；同时，爱情中的关系同样需要规则和边界，自我中心或放弃自我都是错误的。

（2）恋爱暴力的事前预防

从事前预防角度讲，首先，沉浸热恋中时要注意个人隐私的保护，避免主动或被动地留下性爱影像或者过度描述过去情感经历的细节等，做好这些基本的自我保护；其次，万一在恋爱中受到伤害，要及时寻求家人、朋友甚至法律的保护，而不是独自一个人承受，多一分来自外部的支持，暴力所带来的伤害就少一分。

四、提供法律建议

恋爱择偶咨询的另一项工作是提供婚姻家庭方面的法律建议。工作者自身先要了解并准确熟知和择偶恋爱相关的法律法规，并在择偶辅导中将信息提供给服务对象，引导帮助其做出恰当的行为选择。常用的法律包括：

1.《中华人民共和国宪法》

第四十八条："中华人民共和国妇女在政治的、经济的、文化的、社会的和家庭的生活等各方面享有同男子平等的权利。国家保护妇女的权利和利益，实行男女同工同酬，培养和选拔妇女干部。"

第四十九条："婚姻、家庭、母亲和儿童受国家的保护。夫妻双方有实行计划生育的义务。父母有抚养教育未成年子女的义务，成年子女有赡养扶助父母的义务。禁止破坏婚姻自由，禁止虐待老人、妇女和儿童。"

2.《中华人民共和国妇女权益保障法》

（1）"总则"

第二条："妇女在政治的、经济的、文化的、社会的和家庭的生活等各方面享有同男子平等的权利。实行男女平等是国家的基本国策。国家采取必要措施，逐步完善保障妇女权益的各项制度，消除对妇女一切形式的歧视。国家保护妇女依法享有的特殊权益。禁止歧视、虐待、遗弃、残害妇女。"

(2)第六章"人身权利"

第三十六条："国家保障妇女享有与男子平等的人身权利。"

第三十七条："妇女的人身自由不受侵犯。禁止非法拘禁和以其他非法手段剥夺或者限制妇女的人身自由；禁止非法搜查妇女的身体。"

第三十八条："妇女的生命健康权不受侵犯。禁止溺、弃、残害女婴；禁止歧视、虐待生育女婴的妇女和不育的妇女；禁止用迷信、暴力等手段残害妇女；禁止虐待、遗弃病、残妇女和老年妇女。"

第三十九条："禁止拐卖、绑架妇女；禁止收买被拐卖、绑架的妇女；禁止阻碍解救被拐卖、绑架的妇女。各级人民政府和公安、民政、劳动和社会保障、卫生等部门按照其职责及时采取措施解救被拐卖、绑架的妇女，做好善后工作，妇女联合会协助和配合做好有关工作。任何人不得歧视被拐卖、绑架的妇女。"

第四十条："禁止对妇女实施性骚扰。受害妇女有权向单位和有关机关投诉。"

第四十一条："禁止卖淫、嫖娼。禁止组织、强迫、引诱、容留、介绍妇女卖淫或者对妇女进行猥亵活动。禁止组织、强迫、引诱妇女进行淫秽表演活动。"

第四十二条："妇女的名誉权、荣誉权、隐私权、肖像权等人格权受法律保护。禁止用侮辱、诽谤等方式损害妇女的人格尊严。禁止通过大众传播媒介或者其他方式贬低损害妇女人格。未经本人同意，不得以营利为目的，通过广告、商标、展览橱窗、报纸、期刊、图书、音像制品、电子出版物、网络等形式使用妇女肖像。"

(3)第七章"婚姻家庭权益"

第四十三条"国家保障妇女享有与男子平等的婚姻家庭权利"以及第四十四条至第五十一条规定的初步学习等。

3.《中华人民共和国反家庭暴力法》

第三十七条"家庭成员以外共同生活的人之间实施的暴力行为，参照本法规定执行"的规定。

4.《中华人民共和国民法典》

(1)第四编《人格权》第一章"一般规定"

第九百九十条:"人格权是民事主体享有的生命权、身体权、健康权、姓名权、名称权、肖像权、名誉权、荣誉权、隐私权等权利。除前款规定的人格权外,自然人享有基于人身自由、人格尊严产生的其他人格权益。"

第九百九十一条:"民事主体的人格权受法律保护,任何组织或者个人不得侵害。"

第九百九十二条:"人格权不得放弃、转让或者继承。"

第九百九十五条:"人格权受到侵害的,受害人有权依照本法和其他法律的规定请求行为人承担民事责任。受害人的停止侵害、排除妨碍、消除危险、消除影响、恢复名誉、赔礼道歉请求权,不适用诉讼时效的规定。"

第九百九十七条:"民事主体有证据证明行为人正在实施或者即将实施侵害其人格权的违法行为,不及时制止将使其合法权益受到难以弥补的损害的,有权依法向人民法院申请采取责令行为人停止有关行为的措施。"

第一千条:"行为人因侵害人格权承担消除影响、恢复名誉、赔礼道歉等民事责任的,应当与行为的具体方式和造成的影响范围相当。行为人拒不承担前款规定的民事责任的,人民法院可以采取在报刊、网络等媒体上发布公告或者公布生效裁判文书等方式执行,产生的费用由行为人负担。"

(2)第四编《人格权》第二章"生命权、身体权和健康权"

第一千零二条:"自然人享有生命权。自然人的生命安全和生命尊严受法律保护。任何组织或者个人不得侵害他人的生命权。"

第一千零三条:"自然人享有身体权。自然人的身体完整和行动自由受法律保护。任何组织或者个人不得侵害他人的身体权。"

第一千零四条:"自然人享有健康权。自然人的身心健康受法律保护。任何组织或者个人不得侵害他人的健康权。"

第一千零五条:"自然人的生命权、身体权、健康权受到侵害或者处于其他危难情形的,负有法定救助义务的组织或者个人应当及时施救。"

第一千零一十条:"违背他人意愿,以言语、文字、图像、肢体行为等方式对他人实施性骚扰的,受害人有权依法请求行为人承担民事责任。机关、企业、学校等单位应当采取合理的预防、受理投诉、调查处置等措施,防止和制止利用职权、从属关系等实施性骚扰。"

第一千零一十一条:"以非法拘禁等方式剥夺、限制他人的行动自由,或者非法搜查他人身体的,受害人有权依法请求行为人承担民事责任。"

(3)第四编《人格权》第四章"肖像权"

第一千零一十九条:"任何组织或者个人不得以丑化、污损,或者利用信息技术手段伪造等方式侵害他人的肖像权。未经肖像权人同意,不得制作、使用、公开肖像权人的肖像,但是法律另有规定的除外。未经肖像权人同意,肖像作品权利人不得以发表、复制、发行、出租、展览等方式使用或者公开肖像权人的肖像。"

(4)第四编《人格权》第五章"名誉权和荣誉权"

第一千零二十四条:"民事主体享有名誉权。任何组织或者个人不得以侮辱、诽谤等方式侵害他人的名誉权。"

(5)《民法典》第四编《人格权》第六章"隐私权和个人信息保护"

第一千零三十二条:"自然人享有隐私权。任何组织或者个人不得以刺探、侵扰、泄露、公开等方式侵害他人的隐私权。"

第一千零三十三条:"除法律另有规定或者权利人明确同意外,任何组织或者个人不得实施下列行为:以电话、短信、即时通讯工具、电子邮件、传单等方式侵扰他人的私人生活安宁;进入、拍摄、窥视他人的住宅、宾馆房间等私密空间;拍摄、窥视、窃听、公开他人的私密活动;拍摄、窥视他人身体的私密部位;处理他人的私密信息;以其他方式侵害他人的隐私权。"

(6)第五编《婚姻家庭》部分条款的初步学习等。

第七章　婚前/新婚辅导服务

新的家庭的建立从婚姻准备和新婚开始。在整个家庭生命周期中，新婚阶段占据着重要地位。新婚阶段家庭发展任务的完成情况，奠定了整个家庭生命周期的基础。新婚阶段家庭任务完成得好，家庭之后的发展过程就会比较顺利；反之，家庭将可能进入问题连绵的恶性循环中。正如人们常说的，"婚姻就像带刺的玫瑰花，修剪得不好，很容易扎手"。

然而，在现实生活中，新婚阶段作为来自两个不同家庭的男女最初生活在一起的阶段，会由于各种主客观因素，产生各种各样的问题，从而使刚刚缔结的婚姻关系陷入困境。如果这些问题不能适时地得到有效解决，轻则为以后的家庭生活埋下隐患，重则婚姻破裂。因此，以一定的价值理念为前提，运用专业的方法和技巧处理并解决这些问题非常有必要。①

第一节　新婚阶段的主要任务

当新的婚姻关系缔结以后，一个家庭的生命周期就开始了。新婚阶段作为家庭生命周期的初始阶段，承载着特殊的家庭任务。这些家庭任务不仅涉及新婚夫妻，而且牵涉到夫妻二人原生家庭的相关家庭成员。换句话说，自一对恋人发展成夫妻关系以后，与他们相关的家庭系统就已经完全不同以往了，既有新的家庭系统的生成，也有原有的家庭系统的改变。

一、家庭生命周期视角下的新婚夫妻任务

以杜瓦尔的八阶段家庭生命周期理论为基础，学者们总结出家庭在新婚阶

---

① 本章部分内容以编著者署名文章《基于问题和需求的新婚家庭辅导——来自家庭系统理论的视角》发表于《人口与社会》2017年第2期。

段应当完成的主要任务,① 包括：

(1)确立夫妻的角色和责任的分配；相互接受谁做什么、谁对谁有责任的各种形态；

(2)发展互相满足的性关系，建立亲密的规范；

(3)家庭经济的预算与处理，满足于金钱的赚取与花费；

(4)发展使双方满足的沟通方式，学习如何以非冲突的方式表现自己的感受、需要和愿望；

(5)与原生家庭感情分离，协商、发展平等、良好的姻亲关系；

(6)发展成熟满意的家庭计划，如决定住的问题、生育问题等；

(7)发展成熟且彼此满意的工作观点和时间分配；

(8)日常生活中的互相适应，如娱乐方式、饮食习惯、共度的时间等；

(9)了解和尊重彼此的个人自由和特性，给个人一定的自由空间。

二、新婚夫妻的基本任务

将以上9项任务进一步加以归纳提炼，可以发现新婚阶段的家庭任务基本涉及三个方面：

1.新婚夫妻之间的相互适应。主要是指新人在互动磨合中发展出适合的角色关系和家庭规范，使家庭生活有章可循。

(1)原生家庭对新婚夫妻的角色关系和家庭规范的影响。

原生家庭是指人们所出生或成长的家庭。从社会学的角度讲，原生家庭是人们社会化的起点，形塑了个体基本的价值观念、人生态度以及生活能力。从心理学的角度讲，原生家庭的家庭关系以及抚育方式，会潜移默化地形成个体的童年经验，并进而影响其成年后的人格特质、心理状况以及处事原则。换句话说，原生家庭不仅赋予人们生命早期的社会经济地位，教导人们价值观念、思维方式和行为准则，而且其家庭规范和互动模式会无形中传递给人们。

因此，原生家庭对于新婚夫妻的影响，一方面表现为形塑个体成为当下的自己，另一方面表现为影响新婚夫妻的角色定位和新家庭的家庭规范。而后一方面的影响更应引起新婚阶段夫妇的重视，以便有意识地克服负面影响。例如，来自母亲主事家庭的男性更容易在心理上依赖妻子，而如果妻子恰好是来自传统家庭倾向于服从男性的女性，那夫妻俩在角色适应和家庭规范确定方面

---

① 谢秀芬：《家庭与家庭服务》，台湾五南图书出版公司1982年版，第41页。

就需要更多的沟通和调适。

(2)社会主流性别规范对新婚夫妻角色关系和家庭规范的影响。

社会主流的性别规范对于新婚夫妻角色关系和家庭规范的影响主要表现为示范效应和规范压力。家庭生态系统理论已经指出,家庭不是孤零零的存在,而是嵌入在具体的社会文化环境之中。社会主流的性别规范对于家庭中的性别规范、性别分工和性别角色形成强大的约束力,使得新婚夫妻在家庭角色和家庭规范方面有意无意地向主流社会的要求靠近。

(3)个人期待对新婚夫妻角色关系和家庭规范的影响。

对婚姻的期待体现在对婚后夫妻关系、家庭生活以及事业发展等方面的期待。以夫妻关系为例,夫妻关系大抵可以划分为传统式、情侣式以及伴侣式三种。不同的夫妻关系类型,妻子和丈夫所扮演的角色不同。传统式夫妻关系在男主外、女主内角色分工的基础上,注重夫妻相敬如宾、相濡以沫;情侣式夫妻关系的前提也是男主外、女主内,但更强调郎才女貌、夫唱妇随、琴瑟和鸣;伴侣式的夫妻关系则更强调夫妻之间角色和分工基础上的平等合作。如果新婚夫妻不了解对方的期待,而一味沉浸于自己对生活的幻想中,那么家庭矛盾的产生将不可避免。

2. 制定适切的家庭计划。既包括家务分工、家庭财务、个人发展方面的计划,也包括家庭生育计划。

(1)新婚家庭计划制定中的根本问题。

家庭计划制订中的关键问题不是计划的内容,而是"如何制定""谁来制订"以及"制订什么样"的家庭计划。即在家庭计划制订过程中,需要考虑哪些因素,由谁说了算以及计划对夫妻双方分别有什么影响。家庭计划与个人计划的关键区别就是家庭计划是以整个家庭的利益为根本出发点,而在有条件的情况下兼顾个人利益。因此,理论上来说,掌握权力的一方在家庭计划的制订中居于主导地位,包括家务如何分工、家庭财务如何管理、什么时候生育以及谁为家庭牺牲更多职业发展机会等,但也并不绝对。

(2)家庭成员权力的决定因素。

家庭成员的权力除了取决于其所掌握的资源多寡之外,还取决于夫妻双方对资源的重视程度。一般来说,家庭中的资源形态包括爱、地位、服务、货品、信息以及金钱六种。只有掌握了对方需要或重视的资源,夫妇一方才可能掌握权力。[①]

[①] 郑永生:《国际婚姻家庭指导师教材(大陆版)》,香港中国教育文化艺术出版社2005年版,第173页。

(3)理想的家庭计划过程。

理想的家庭计划的制订应该是一个充分民主的过程。即夫妇双方在家庭中拥有平等的权力,不因资源多寡而不同,二人共同协商,拟定家庭计划。[①]

3.发展出和谐的亲属关系和良好的姻亲关系处理原则。包括处理与自己的原生家庭的关系和处理与配偶的原生家庭的关系。

(1)发展良好姻亲关系的重要性。

在婚姻关系中,两个人的结合意味着两个家庭的关系的建立。与妻子和丈夫这两个角色相伴而生的是公婆与媳妇、岳父母与女婿、姑嫂、妯娌、连襟、郎舅等一系列的亲属关系,也称为姻亲关系。姻亲关系处理得好,夫妻双方原生家庭的亲属会构成新生小家庭的有效社会支持网络;姻亲关系处理得不好,不仅会使新生家庭与原生家庭的关系紧张,而且会导致新生家庭本身矛盾丛生。因此,发展出良好的姻亲关系处理原则非常重要。

(2)严守家庭界限以发展良好姻亲关系。

发展良好的姻亲关系的基本原则是严守界限。夫妇结合以后,新生家庭出现。此时,新婚夫妻双方的首要任务是理清楚"我的家庭""你的家庭""我们的家庭"。当"我们的家庭"因婚姻而产生以后,夫妻双方必须重新界定与各自父母以及兄弟姐妹等的关系。例如,一个长期帮助寡母分担养育弟弟妹妹负担的男性,在结婚以后应首先以新生家庭的生存为主,而后在与妻子协商并征得认可的基础上分担原生家庭的责任。要实现和谐的姻亲关系,要求新婚夫妻双方能够不偏不倚地确定"我的家庭""你的家庭""我们的家庭"边界。

第二节 新婚阶段的问题与需求

在现代社会,人们之所以选择结束自由的单身生活走入婚姻,承担起新的家庭角色和责任,根本上来说是出于对更幸福的生活的期待。在实际生活中,婚姻对于大多数人来说似乎是一种自然而然的存在,似乎每个人天生就能够适应婚姻生活。但实际上,我们看到,同是婚姻,有些是幸福的,有些则是不幸的;而且,正如托尔斯泰所言"不幸的婚姻还各有各的不幸"。这说明并不是

[①] 郑永生:《国际婚姻家庭指导师教材(大陆版)》,香港中国教育文化艺术出版社2005年版,第173-174页。

每个人都天生具备处理婚姻问题的能力。正因此，人们才需要学习这种能力以完成家庭各发展阶段的任务。而新婚阶段作为婚姻的初始阶段，对于新婚夫妻来说，既是初步遭遇各种问题挑战的阶段，也是习得经营婚姻家庭能力的阶段。

一、新婚阶段的主要问题

从家庭发展理论出发来理解新婚阶段的主要问题，一方面，新婚阶段作为家庭发展的一个阶段，有其必须完成的家庭任务（如前面我们所讲到的），当新婚夫妻受各种主客观条件限制不能够完成这一阶段的家庭任务时，就会产生家庭问题；另一方面，新婚阶段是一个新生家庭从无到有的过程，在这个转变过程中，夫妇双方的角色和生活都发生了翻天覆地的变化，当新婚夫妻无法适应这种转变时，也会产生家庭问题。

相关研究也表明，在家庭生命周期的不同阶段，家庭所承受的压力源不同。具体到新婚阶段，家庭压力源主要来自于以下四个方面：①

(1)如何获得配偶的接纳；

(2)如何获得配偶家人的接纳；

(3)如何安排与原生家庭的关系；

(4)如何处理家务和财务事宜。

当新婚夫妻不能够妥善处理这四方面的问题时，就会产生夫妻矛盾。在这四个压力源中，有三个是涉及角色调适和亲属关系处理的，由此可见，角色和人际关系问题在新婚阶段的普遍性。

当然，除了角色适应和亲属关系处理方面容易发生问题之外，家务分工和财务管理也是新婚阶段较易诱发夫妻矛盾的点。

1. 婚姻角色适应不良

当提到结婚时，大多数人头脑中首先浮现的可能是白纱教堂、夫妻宣誓、交换对戒、亲友祝福、蜜月旅行等甜蜜温馨的画面，但实际上，所有这些环节作为仪式性的表演，都只是一种前台展示；而对于新婚夫妻而言，真正重要的是后台的真实生活。

人们结束单身生活，步入二人世界，获得了妻子和丈夫的身份。但是，身份的获得并不必然意味着能够扮演好相应的角色。新婚阶段家庭通常会遇到的

---

① 彭怀真：《婚姻与家庭》，台湾巨流图书公司1996年版，第156页。

普遍问题是婚姻角色适应不良。比如，出身富裕家庭的妻子不理解丈夫日常生活中的精打细算；在传统保守的家庭中长大的丈夫接受不了妻子在公众场合对自己的亲昵行为；信奉性别平等的妻子无法接受大男子主义的丈夫包揽家庭决策；重视家庭的丈夫对工作狂的妻子心怀不满等。这些生活中随处可见的现象，背后所反映出的是新婚夫妻在生活理念、人生态度、家庭期待等方面存在的分歧。

需要指出的是，在新婚阶段，存在分歧是必然的，也是正常的。正是因为有分歧，所以才需要磨合，所以，新婚阶段才又被称作磨合期。

2. 亲属关系处理不当

如果以个人为中心画一个圆作为男人和女人的亲属网络，那么，在结婚前，这是两个独立的圆圈，环绕着各自的中心。但是，结婚以后，中心发生了改变，不再是一个人，而是两个人的共同体，原来环绕两个中心的圆圈开始发生关系，并形成了一个更大更复杂的圆圈。家庭系统理论认为，当家庭系统中的任何一个次级系统发生改变，整个家庭系统都会发生改变。当两个原有的家庭系统因婚姻事件的发生而整合进一个新的大系统之后，原有的系统平衡全部被打破。要实现新的平衡，需要新婚夫妻处理好新系统内部的各种关系。

然而，实际情况往往相反。新婚夫妻往往因为不能很好地处理自己的原生家庭、配偶的原生家庭以及新生小家庭的关系，而引发家庭矛盾。比如，独生女妻子婚后依然依赖父母，并要求丈夫一起在父母家生活，引起丈夫和公婆的不满；来自小城镇的丈夫出于感恩，总是在小家接待在他成长过程中给予过帮助的亲戚们，还要求作为职业女性的妻子准备好茶饭；来自大城市的媳妇/丈夫批评农村婆婆/丈母娘的价值观念和生活习惯；丈夫或者妻子总是在不征求配偶意见的情况下给予原生家庭以经济支援等。这里所列举的只是比较常见的现象，实际上，亲属关系处理不当的情况要复杂得多，有些涉及情感，有些涉及理念，有些涉及习惯，有些涉及金钱，有些涉及财产，不一而足。

3. 家务和家庭决策分工不清

在传统社会，家庭分工是很明确的，即"男耕女织"，"男主外，女主内"，做好家务劳动是女人的职责所在。进入近现代社会以后，工业化和现代化使得大批妇女走出家门，与男性一样从事社会性劳动，为家庭贡献经济收入。在这种情况下，就家务劳动如何分工开始出现了争议。恪守传统性别观念的人们通常认为做家务完全是妻子的事，无论她是否从事社会劳动是否有经济收入；受性别平等观念所影响的人们则更倾向于主张夫妻共同分担家务。当一个恪守传统性别观念的丈夫遇到一个追求性别平等的妻子时，在家务劳动的分工上，不可避免地会出现矛盾。即使是在都持性别平等观念的夫妇中，在家务分工过程中也会存在谁做得多谁做得少、谁做得让人满意谁做得让人不满意的问题。

此外，在家庭决策方面，就哪些类型的事情丈夫说了算、哪些类型的事情妻子说了算的分工也会引发问题。中国传统的家庭决策分工是，大事丈夫做主，小事妻子做主。这一分工的潜在假设是丈夫理性、社会经验丰富，适合处理大事；而女性感性且生活经验丰富，所以适合处理小事。然而，随着现代社会女性教育水平的提升和全方位参与社会劳动，理性和社会经验丰富不再是男性的专利。在此背景下，越来越多的女性开始谋求家庭"大事"的决策权，这对男性固有的家庭决策分工认知是一个挑战。例如，一个精明强悍的妻子可能无论在买房置地这样的大事，还是在晚饭吃什么这样的小事上，都发挥主导权；而如果丈夫恰巧是自尊心很强爱面子的男性，那么，夫妻之间就有可能发生争端。

4. 财务管理权利不明

在传统父权文化中，丈夫控制着家庭财务的支配权，甚至在一些文化中，妻子本身也是丈夫的财产。因此，关于家庭财务管理由谁负责的争议很少。而且，在传统农业社会，家庭是主要的生产和消费单位，种植粮食、纺织布匹、饲养牲畜禽类以自给自足，为数不多的交换也主要是为了满足家庭成员的需要，社会商品化的程度角度较低，大多数家庭财务管理的事项也相对比较简单。可见，在传统社会规范明确且需求简单的情况下，很难想象新婚夫妻会困扰于家庭财务管理问题。

然而，进入现代工业社会以后，随着女性参与社会劳动和社会生活的程度越来越深，一方面女性和男性一样有了薪酬收入，另一方面女性开始挑战传统的父权制度，要求提高其在家庭和社会中的地位。这一变化使得男性对家庭财务的支配权遭遇了危机。此外，现代社会作为高度商品化的资本主义社会，金钱在家庭运转中扮演着重要作用，因此，家庭财务管理权的重要性更加凸显出来。对于新婚夫妻来说，谁掌握家庭财政大权也成为引发夫妻矛盾的一个导火索。

以上介绍的是四种新婚夫妻中比较共性的问题。随着社会变迁，这些传统的问题中不断加入了新的影响因素。比如，过去几十年，中国强制计划生育政策在城市和乡村以不同的标准执行，使得城乡之间无论在家庭结构还是在家庭关系方面，都出现了较大差距，进一步增加了城-乡结合新婚夫妻在角色适应和亲属关系处理方面的困难。此外，计算机、互联网、智能手机以及社交媒体的兴起和普及，不断地塑造和改变着人们的婚恋观念和行为。基于电子社交平台的性和爱情的易得性，加剧了新婚家庭的脆弱性。这些都应该引起家庭以及工作者的重视。

二、新婚阶段的主要需求

问题的分析服务于问题的解决。对于工作者来说，了解新婚夫妻可能面临的主要问题，并以此为基础评估其需求，是制定和实施服务方案的前提。通过上文对家庭新婚阶段主要问题的归纳和总结，可以确立新婚夫妻的需求如下：

1. 正向积极的夫妻关系

婚姻本质上是一种契约关系，夫妇双方以此为基础展开合作，共同经营家庭生活这门生意，并伴随家庭的发展获得个人成长。健康的婚姻关系和家庭生活对于个人的成长和发展是助力而非阻力；个人的提升又会促进家庭向更好的方向发展。因此，对于新婚夫妇来说，建立正向积极的夫妻关系非常必要。

2. 和谐友好的亲属关系

现代家庭以核心家庭为主，人们习惯了简单的家庭关系，因此，当新婚夫妇进入新的亲属网络，难免会不适应，甚至不知所措。过去只需面对亲子、手足、祖孙关系的两个人，结婚后需要处理婆媳、翁婿、姑嫂、妯娌、连襟、郎舅等一系列新的亲属关系，耗神费力。但换以优势视角看待问题，可以发现，如果处理得当，和谐友好的亲属关系不仅不会是新婚夫妇的负担和困扰，反而是有效的社会支持网络。

3. 明确清晰的家庭规范

按照常理，新婚阶段本来是夫妻之间你侬我侬、感情甚笃的时期，之所以出现各种矛盾和问题，尚未形成明确清晰的家庭规范是主要原因。任何系统的运作都需要一定的逻辑和规则，不然就会失控，家庭系统的运作同样如此。"没有规矩，不成方圆"，家庭规范不清晰，就会出现角色不清、责任不明的混乱状态。因此，在新婚阶段，夫妇双方要有意识有技巧地加强沟通，尽快确立新生家庭的家庭规范。

4. 实现以上三点的能力

正向积极的夫妻关系、和谐良好的亲属关系以及明确清晰的家庭规范，对于每一对新婚夫妇来说，既是需求，也是任务，是婚姻幸福、家庭美满的基础。但是，在一个价值多元的社会，人们对于好妻子、好丈夫、好夫妻、好家庭的判断标准并不一样；即使标准一致，也并不是每个人都天生具备处理好夫妻关系、亲属关系的能力和制定明确家庭规范的意识。因此，需要专业人员给予引导和协助，帮助新婚夫妇处理生活中遇到的问题和困难，并激发和培养其经营婚姻和家庭的能力。

第三节　新婚辅导的原则和方法

在明确了新婚阶段家庭的问题和需求之后，就可以进一步讨论针对其的家庭服务介入方向和策略，包括介入的基本原则和具体的方法技巧。

一、新婚辅导的基本原则

新婚阶段属于家庭发展的一个阶段，因此，新婚辅导需要在坚持家庭服务和家庭咨询的普遍原则的基础上，根据这个阶段的特点，有所侧重。新婚辅导主要包括以下原则：

1. 强调家庭责任

新婚辅导的第一个基本原则是强调新婚夫妻对家庭责任的认识以及采取承担责任的行动。在新婚阶段，大多数夫妇往往倾向于从自己的角度出发，衡量婚姻给自己的生活带来的改变，并因此而对婚姻产生满意或失望的情绪。对于工作者来说，强调婚姻和家庭关系中的责任要素，并将这一立场传递给新婚夫妻，是新婚阶段家庭服务最基础的原则。

2. 优势与增能

新婚辅导的第二个基本原则是促进新婚夫妻的个人成长，并提升其处理婚姻家庭问题的能力。新婚夫妻在丈夫和妻子这两个身份之外，首先是作为独立的人的存在。成熟的婚姻关系需要以个体的成熟为基础。只有具有准确的自我认识的人，才能够正确地看待自己的优点、缺点以及需要，并在此基础上，以正确成熟的方式与他人互动。因此，坚持优势与增能的原则，促进新婚夫妻的个人成长和能力提升非常重要。

3. 尊重家庭选择的自由

新婚辅导的第三个基本原则是尊重家庭选择的自由。家庭服务有其基本的价值理念，工作者也有其自身的家庭价值观，因此，在实务工作中，工作者需要时刻提醒自己尊重家庭选择的自由，避免出现价值和行为上的操纵。尊重家庭选择的自由，要求工作者循序渐进地引导新婚夫妻逐渐明确其对生活的期待和目标，并自主地付诸行动。对于有可能产生消极后果的选择，只要不违背国家法律和社会道德规范，工作者可以做的不是阻止，而是告知其可能的结果，并提醒新婚夫妻谨慎决策。

二、一对一婚前/新婚辅导

根据新婚阶段需要完成的主要任务以及存在的问题和需求，可以采取预防为主的工作策略，在民政部门婚姻登记机构设置专门的婚前/新婚辅导中心，为即将步入婚姻的恋人/新人提供婚前/新婚辅导，使其对于自身、对方、双方的需要、对婚姻的期望以及对于婚后生活有更清晰的认识，更成熟理性地作出婚姻决策。

1. 婚前/新婚辅导：含义与作用

(1) 婚前/新婚辅导的含义

婚前/新婚辅导是一种心理辅导和咨询的技术及方法，其服务对象主要定位于即将步入婚姻的恋人们或者刚刚步入婚姻的新人，通过咨询和辅导，帮助恋人或新人们就未来的婚姻达成建设性的共识。古人云："预则立，不预则废。"婚前/新婚辅导的目的是为了使恋人/新人们做好充分的准备后再迎接婚姻生活，以尽可能减少婚姻生活中的各种矛盾。可见，婚前/新婚辅导的重点不在治疗，而在预防和发展。

(2) 婚前/新婚辅导的作用

婚前/新婚辅导的作用主要表现在三方面：

(1) 提醒恋人/新人们做好必要的准备，提前预防婚姻中可能发生的矛盾和问题；

(2) 帮助恋人/新人们获得成长，以更成熟的状态迎接即将开始的婚姻家庭生活；

(3) 帮助恋人/新人们增进相互了解，掌握有效沟通和解决婚姻问题的能力和技巧。

2. 婚前/新婚辅导的内容

婚前/新婚辅导的内容包括提供给恋人/新人健康婚姻关系的图像及实现途径、促进双方的自我认知和相互了解、教导双方有效沟通和处理夫妻冲突的技巧、协助双方做好家庭计划和婚后生活的知识储备、普及和宣传与婚姻生活相关的法律知识。

(1) 提供健康婚姻关系的图像及实现途径

帮助恋人/新人们设定一个愿景，或者说确立一个相对明确的目标，是保证咨询能够顺利进行并发挥作用的前提。在婚前/新婚辅导一开始，可以围绕什么是健康的婚姻关系以及如何实现健康的婚姻关系与服务对象进行一些深度探讨，以了解他们对于这一问题的认识和看法。在此基础上，引导恋人/新人们认识到什么样的婚姻关系是健康的以及通过哪些努力营造健康的婚姻关系。

健康的婚姻关系一般具备以下特征：

① 尊重、宠爱和友谊

夫妻之间应该彼此尊重，除此之外，还要有宠爱和友谊。事实上，不仅是在婚姻关系中，现代社会所有的社会关系都应以尊重作为前提。因为与前现代社会等级化的社会分工和社会关系不同，现代社会至少在社会价值追求上承认人与人之间在尊严和价值上的平等性。家庭关系形成的基础虽然与其他社会关系不同，但趋于平等和民主是现代家庭关系的基本特征，家庭成员之间同样强调彼此尊重。

此外，相较于建立在血缘基础上的其他家庭关系，夫妻关系有其特殊的情感基础。作为最典型的亲密关系，夫妻关系的构成涵盖了性的吸引、情感的共鸣、共同语言、共同的功利性目标等，所以不仅表现为互相宠爱的关系，还表现为特殊的友谊。

② 紧密的情感联结

请注意，这里说的是健康的婚姻关系。所以很多人会说，那我周围的大多数人都没有这种紧密的情感连接，不是一样过日子吗？但事实上，存在法律上的婚姻事实，并不代表一定有健康的夫妻关系。从前面关于婚姻的功能我们看到，婚姻至少集合了情感单位、经济单位以及社会交往单位等三方面的性质。人类社会进入现代文明阶段以来，伴随传统婚姻家庭规范的解体，情感连接在夫妻关系中的重要性越来越凸显出来。在健康的夫妻关系中，夫妻之间的情感关系是基础，婚姻首先是情感单位，其次才是经济单位和社会交往单位。

③ 高质量的沟通

受传统文化影响，中国人在情感的表达方面整体比较内敛和含蓄，不像西方人那么开放和直接。在比较传统的夫妇关系中，很难觅到"谈情说爱"式沟通，沟通似乎总是围绕具体的"事"展开的，有事才沟通，没事就不沟通。所以说在传统的这种中国式夫妇关系中，沟通是比较缺乏的，更不要说高质量的沟通。如果进一步扩展，会发现不仅是在夫妻关系中存在缺乏沟通的问题，而且在我们整个的家庭关系里面都存在同样的问题。虽然说缺乏沟通并不代表缺少爱，没有直接的爱的语言或肢体动作也并不表示感情淡薄，但生活的经验告诉我们，缺乏沟通或者沟通效果比较差，会影响我们对关系的主观感受。

④共同有效的处理冲突的方式

家庭生活中存在冲突是正常的，高质量的沟通可以帮助配偶减少冲突，但不可能完全消除分歧和冲突。因此，除了预防冲突的发生，配偶们还要学会处理冲突。这要求夫妻在发生冲突的时候能够共同面对问题，有商有量去处理两个人之间的冲突，而不是回避冲突。在现实生活中，经常看到有一些夫妻吵架以后，丈夫一摔门走了，留下妻子一个人哭泣或者伤心。从丈夫的角度讲，可能是希望给彼此一些空间平静下来，但妻子感受到的可能是丈夫不在意自己，也不重视两个人之间的感情，此时她在伤心失望之余就有可能生出怨恨来，由此使得两个人的关系进一步恶化。这从一个反面说明了夫妻之间达成共识性的冲突处理方式的重要性。

⑤彼此接纳和包容

夫妻在一起生活会涉及方方面面，大到德行品质、人生理想、买房置地以及生儿育女的决策，小到晚餐吃什么、第二天谁送孩子上学、日常卫生习惯等，两个人不可能处处都一致、面面都和谐。同一个家庭里出来的兄弟姐妹还各有各的特点、各有各的喜好，何况来自不同生活环境、有着不同人生过往的夫妻。所以，夫妻之间要能够接纳、包容对方，求同存异。

⑥彼此给予对方明确、长期的承诺

在西方的基督教文化中，夫妻之间的结合是在上帝面前订立一个盟约，婚礼上新婚夫妻要宣读誓词，比如"无论贫穷还是富贵、健康还是疾病，一生一世忠于她/他，爱护她/他，守护她/他"。在中国，虽然大多数地方没有宗教传统，但是结婚仍然是一件神圣的事情，通过婚姻登记，法律认可了两个人成为合法夫妻；而在举行婚礼过程中，夫妻关系又获得了双方社会关系的确认。由此可见，无论是在西方还是在东方，被社会和法律所承认的夫妻关系之间都是一种明确、长期的承诺关系，这既体现为双方自觉的承诺，也体现为对外部约束的承诺。

瑞士著名心理治疗学者葛碧建(Bijan Ghaznavi, 2004)认为，价值观相近、有共同的兴趣爱好、彼此互为促进成长、亲属们的理解与支持、经常交流、理性处理分歧、共同担当等，都是使婚姻走向成功的有效方法；[①] 反之，过度依

---

① ［瑞士］Bijan Ghaznavi：《婚姻咨询与治疗（一）》，胡佩诚、左月侠、王凤华译，载《中国性科学》2004年第8期。

恋、价值观不同、结婚目的不纯、性生活不和谐、家庭背景悬殊、姻亲关系复杂、回避沟通交流等，都可能导致婚姻悲剧。① 工作者需要帮助恋人/新人认识到这一点。

(2) 促进双方的自我认知和相互了解

减少婚姻矛盾最有效的方法是选择适合的人结婚，并对婚姻形成比较现实的期待。

首先，能够选择对的人结婚的前提是有准确的自我认知，清楚自身对于婚姻的态度，对于婚姻关系中的角色有明确的认知。因此，工作者要引导恋人/新人们形成准确的自我认知，并在此基础上重新认识对方和双方的关系。

其次，工作者要帮助恋人/新人们形成对婚姻的现实性期待，婚姻不是空中楼阁，是扎根于现实生活的，柴米油盐酱醋茶，琐碎而真实；此外，婚姻不是风花雪月，不食人间烟火，而是责任和担当。

再次，工作者可以通过探讨的方式提醒恋人/新人们家庭背景对于婚姻的影响。虽然"门当户对"是传统身份社会的婚配标准，但是双方家庭背景相似确实更有利于婚姻的成功。这是因为，相似的家庭背景往往意味着两个家庭在社会经济地位、家庭结构、观念和行为方式以及品位等较为相近，恋人/新人们之间的差异和分歧也会比较小，从而更容易互相理解；而对于家庭背景相差悬殊的恋人/新人来说，工作者辅导的重点在于引导其认识到存在差异本身是正常的，重要的是要彼此理解并接纳差异。

(3) 教导双方有效沟通和处理夫妻冲突的技巧

有人说，在夫妇双方几十年的婚姻中，彼此会有数十次都会生气到想掐死对方。婚姻矛盾的激烈程度由此可见一斑。因此，婚前/新婚辅导过程中，工作者有必要教导恋人/新人们一些促进有效沟通和化解冲突的技巧，这些技巧包括尊重、将心比心、就事论事、倾听、暂停等。工作者要引导恋人/新人们认识到人与人之间有分歧是正常的，重要的是如何对待和化解分歧，即强调积极沟通的重要性。

而要使沟通达到预期的目的，需要运用一些技巧，在这些技巧中，最大的技巧就是爱。爱是所有其他技巧发挥作用的前提。因为有爱，所以愿意尊重对方，愿意站在对方的立场去重新理解问题，愿意耐心倾听，并把问题聚焦于当

---

① [瑞士] Bijan Ghaznavi：《婚姻咨询与治疗（二）》，胡佩诚、左月侠、王凤华译，载《中国性科学》2004 年第 9 期。

下的冲突，而不是翻旧账。遇到两个人都陷入非理性状态的争端时，不妨先达成暂停过后再处理的共识，以缓和气氛，过后在恰当的时机再处理矛盾。

此外，和恋爱技巧一样，在日常的生活互动中，要注意多传递正向信息（比如赞赏对方在工作中的表现、尊重对方的兴趣爱好、理解对方的生活习惯等），少传递负向信息（比如苛求、抱怨、指责、讽刺甚至侮辱等）。①

(4) 协助双方做好家庭计划和婚后生活的知识储备

对于任何一个家庭来说，要保证家庭生活有序进行，都需要有相对明确的家庭规则和家庭计划，因此，形成初步的家庭规则、制定家庭计划对于新家庭来说就显得格外重要。家庭规则是指对家庭成员如何互动和处理问题的期待。家庭计划的内容包括家务如何分工、家庭财务如何管理、生育安排、子女教育分工等。

首先，工作者要协助恋人/新人们认识夫妻角色及其分工，从各自的优势和资源出发，共同协商对婚后的夫妻角色和分工达成基本的默契，并做好承担相应的家庭责任的准备。

其次，工作者要帮助恋人/新人们提前做好家庭财务管理方案，包括婚房和婚礼花费的来源、婚前财产的处理、婚后家庭经济的管理等。

再次，工作者要指导恋人/新人们学习健康性生活的相关知识，并就生育计划做一些交流，使恋人们对于自己以及配偶的生育意愿、生育时间表等有所了解，并在此基础上制定较有针对性的夫妻生活节奏。

最后，教导恋人们处理好婚后亲属关系的知识和技巧，在严守"我的家庭""你的家庭""我们的家庭"之间界限的基础上，做到尊重和理解，与三个家庭保持相同的心理距离，尊敬公婆、岳父母如尊敬自己的父母；帮助配偶的兄弟姐妹如帮助自己的兄弟姐妹；同时，严守小家庭和双方原生家庭之间的合理界限。

(5) 法律知识普及和宣传

在现代社会，家庭的形成和维系除了血缘、情感、情分、风俗等这样一些基础之外，还受到国家法律的约束和保障，因此，进行婚姻家庭生活相关的法律知识普及和宣传是婚前/新婚辅导的必要工作。这些法律包括但不限于：

《宪法》第四十八条"中华人民共和国妇女在政治的、经济的、文化的、社

---

① [瑞士]Bijan Ghaznavi：《婚姻咨询与治疗（三）》，胡佩诚、左月侠、王凤华译，载《中国性科学》2004年第10期。

会的和家庭的生活等各方面享有同男子平等的权利。国家保护妇女的权利和利益，实行男女同工同酬，培养和选拔妇女干部"、第四十九条"婚姻、家庭、母亲和儿童受国家的保护。夫妻双方有实行计划生育的义务。父母有抚养教育未成年子女的义务，成年子女有赡养扶助父母的义务。禁止破坏婚姻自由，禁止虐待老人、妇女和儿童"。《中华人民共和国反家庭暴力法》《中华人民共和国妇女权益保障法》第七章"婚姻家庭权益"的内容。《中华人民共和国民法典》第五编关于《婚姻家庭》的内容、第六编关于《继承》的内容。《中华人民共和国老年人权益保障法》第二章"家庭赡养与扶养"的内容。《中华人民共和国未成年人权益保障法》第一章"总则"、第二章"家庭保护"的内容。《中华人民共和国残疾人权益保障法》第一章"总则"第九条"残疾人的扶养人必须对残疾人履行扶养义务。残疾人的监护人必须履行监护职责，尊重被监护人的意愿，维护被监护人的合法权益。残疾人的亲属、监护人应当鼓励和帮助残疾人增强自立能力。禁止对残疾人实施家庭暴力，禁止虐待、遗弃残疾人"的内容。

总之，通过婚前/新婚辅导，工作者需要与恋人/新人们的共同努力，引导和帮助后者逐渐明白什么是健康的婚姻，什么会引致婚姻成功，什么会导致婚姻失败，并为实现健康的婚姻，避免不健康的婚姻而做出相应的努力。

三、新婚妻子/丈夫成长小组

1. 新婚妻子/丈夫成长小组基本策略

新婚妻子/丈夫成长小组旨在通过发挥小组工作的优势，建立妻子或丈夫的同性朋辈小组，通过小组内部的相互分享、慰藉、学习、启发，促使新婚的妻子/丈夫正确地看待新婚后的问题和处境，学习适应新角色，掌握处理夫妻关系、家庭关系的方法和技巧等。新婚妻子/丈夫成长小组既可以定位为事先预防性的，也可以作为处理新婚期矛盾的治疗性小组。

2. 新婚妻子/丈夫成长小组任务

新婚妻子/丈夫成长小组的服务内容主要有以下两点：
（1）为新婚期角色适应不良的新人提供情感慰藉和支持

婚姻和恋爱最大的区别就是婚姻不再是两个人的事，而是两个家庭的事。当新婚夫妇结束浪漫的婚礼和蜜月，正式开始家庭生活以后，多重的家庭角色和任务也随之而来。

首先是妻子和丈夫的角色。单身时"一个人吃饱全家不饿"，婚后凡事需要考虑另一半的意见，这对于习惯了我行我素的新人是一个挑战。

其次是媳妇和女婿的角色。"在家千日好，出门一时难"，离开熟悉的生活环境和父母宠溺，独自面对有着完全不同的家庭模式的婆家或丈母娘家，如果不能够随机应变，及时调整自己的行为方式，难免会引发家庭矛盾。

再次是姑嫂妯娌郎舅连襟的角色。如果夫妻一方或双方恰好都不是独生子女，那么如何处理与妻子或丈夫的兄弟姐妹的关系也需要费一番心思。

如此多的新角色摆在面前，难免有新人出现角色适应不良的问题，如果不能够及时处理，不仅会对新人的身心健康造成长期的压力，也会对将来的家庭关系埋下隐患。因此，通过新人内部的分享，为面临困境的成员提供情感慰藉，并给予处理问题的建议。

（2）帮助新人明晰家庭角色，给予其处理家庭关系、制定家庭计划、更好地经营家庭的指导

除了给予新人心理慰藉和支持之外，为其提供具体的处理家庭关系、制定家庭计划的原则和方法、技巧同样必要。虽然家庭的类型多种多样，但对于新婚妻子/丈夫来说，需要面对的家庭任务是基本一致的，处理家庭关系、制定家庭计划的原则和方法也是大同小异的。因此，通过小组内部互动，了解其他成员的经验和教训，学习社工提供的相关知识，一定会有裨益。

在新人成长小组中，最重要的是引导新人认识并形成在未来的家庭生活中应秉持的基本原则，除了病理性的例外情况，家庭问题和纠纷的产生的主要原因在于家庭成员无法在尊重、接纳、包容的前提下展开有效沟通。因此，新人成长小组要着重引导新人形成尊重、接纳、包容、对事不对人的家事处理原则。

第八章　亲职辅导服务

2020年,有一部热播电视剧《隐秘的角落》,获得了很好的口碑。这部短小精悍的电视剧获得交口称赞的理由有很多,从家庭服务的角度讲,张东升和徐静不对等的婚姻、周春红和朱朝阳的单亲家庭、朱永平和王瑶的再婚家庭等都有值得关注和分析的家庭问题。但就本章内容来讲,这部剧中最需要引起重视的莫过于失败的亲职对于子代的影响。著名的人本主义心理学家阿德勒有一句名言被广为引用,即"幸福的人用童年治愈一生;不幸的人一生都在治愈童年"。那哪些因素在决定我们的童年呢?

不可否认,社会经济形势、政治环境等宏观生态是重要的因素,但更重要的影响因素是家庭环境和家庭教养。家庭环境包括家庭社会经济地位、家庭结构、家庭氛围、家庭关系等。家庭环境决定了家庭教养的品质。初生的婴儿就像一张白纸,父母或者其他监护人通过家庭教养在这张白纸上作画,并奠定了绘画作品的基底。从这个角度讲,朱朝阳、严良、普普以及朱晶晶都是失败的教养的牺牲品,无论是家庭教养还是机构教养。我们把重点放在家庭教养的最重要主体父母身上,来学习亲职以及亲职辅导的知识,包括父母教养模式及其影响、亲职辅导的含义和内容、亲职辅导的方法和技巧。

第一节　父母教养模式及其影响

一、父母教养模式的含义和类型

1. 父母教养模式的含义

父母教养模式是一种代表父母在养育子女时所使用的标准策略的心理建构,是父母如何回应孩子和要求孩子的呈现,包括教养态度和教养行为两个方面。教养态度是指父母在训练或教导子女方面所持有的有关认知(知识、信念)、情感(情绪)及行为意图(倾向)。教养行为是指父母在训练或教导子女方面所实际表现的行动和做法。① 父母通过教养方式将其思想、行为、态度等传递给子女，影响子女的人格与身心发展。

2. 父母教养模式的类型

父母教养模式最早由戴安娜·鲍姆林德（Diana Baumrind）在1967年提出。她将父母教养模式分为独裁专制型（authoritarian）、自由放任型（permissiveness）和民主权威型（authoritative）。②

（1）独裁专制型父母表现出限制性的、重惩罚的教育方式，要求子女服从指示，而很少或没有解释或反馈，常以绝对标准衡量子女的行为，强调父母的绝对权威和子女的绝对服从，往往忽视子女的需求和声音，其典型的管教方式是体罚。

（2）自由放任型父母的特点是倡导自然主义，对子女的行为期望很少，因此对子女控制极少，给予充分自由，避免对子女的思想、言行做出限制，几乎没有惩罚或规则，但同时也意味着可能忽视子女的存在。

（3）民主权威型父母懂得以民主理性的态度履行亲职，其特点是以孩子为中心，对孩子有很高的期望，会为孩子设定明确的标准并加以执行，同时给孩子发展自主性留下足够的空间。民主权威型父母可以理解孩子的感受，并教会孩子如何调节自己的感受；即使期望很高，父母通常会原谅孩子任何可能的缺点；能够为子女订立合理的行为标准，尊重子女的同时能及时加以规范；亲子之间保持较为开放的沟通，并经常帮助孩子找到解决问题的合适途径。

好的父母既不应该绝对控制也不应该冷漠忽视，而是应该为自己的孩子制定规则，并对他们充满感情，这可能是后来正面管教中"温和而坚定"的来源。

1983年，麦克比（Maccoby）和马丁（Martin）对鲍姆林德（Baumrind）的父母教养模式分类进行了发展。将教养方式划分为开明权威型、专制权威型、宽松放任型以及忽视冷漠型四种。③

（1）开明权威型教养方式是一种父母树立权威，对孩子理解、尊重，与孩

---

① 王以仁：《亲职教育：有效的亲子互动与沟通》，台北心理出版社2014年版，第68-72页。

② Baumrind, D. (1967). *Child care practices anteceding three patterns of preschool behavior*. Genetic Psychology Monographs, 75(1), 43-88.

③ Maccoby, E. E.; Martin, J. A. (1983). *Socialization in the context of the family: Parent-child interaction*. In Mussen, P. H.; Hetherington, E. M. Manual of child psychology, Vol. 4: Social development. New York: John Wiley and Sons. pp. 1-101.

子经常交流及给予帮助的教养方式。

（2）专制权威型教养方式是一种父母要求子女绝对服从自己，对子女所有行为都加以保护监督的教养方式。

（3）宽松放任型教养方式是一种父母对子女抱以积极肯定的态度，但缺乏控制的教养方式。

（4）忽视冷漠型教养方式是一种父母对子女缺少爱的情感和积极反应，又缺少行为要求和控制的教养方式。

无论三模式论还是四模式论，采用的都是鲍姆林德的分类标准。即按照父母"要求"（demandingness）和父母"回应"（responsiveness）两个向度划分。回应是指父母对孩子的需要的支持和接纳情况。要求是指父母为孩子的行为制定的规则，对孩子遵守这些规则的期望，以及如果违反这些规则会带来的后果。高回应高要求（民主权威型），高回应低要求（宽松放任型），低回应高要求（独裁专制型），低回应低要求（忽视冷漠型）四种教养模式。

图 8-1

图片来源：王以仁著：《亲职教育：有效的亲子互动与沟通》，台湾心理出版社 2014 年版，第 70 页。

二、父母教养模式的影响

由于亲子关系的不对等性，不同的父母教养方式不仅会塑造不同的子代，而且会直接导致不同的亲子关系。

1. 父母教养模式对子代成长的影响

鲍姆林德以及其后的学者们研究发现，不同的父母教养模式会塑造出完全不同的子代。①

(1)在民主权威型教养方式下，子代容易发展出自律、合作、有目标、适应能力强、能干、自尊、自信、友善等品质，更慷慨友善，更独立自主，更容易获得周围人的喜爱，也相对更容易成功。

(2)在独裁专制型教养方式下长大的孩子更多表现出循规蹈矩、安静听话、社交能力差、缺乏主见等特点，这种教养方式更容易塑造出害怕、困惑、易怒、无目标的脆弱不成熟的孩子；而那些因遭到专制教养而产生愤怒和怨恨的孩子，要么学会反抗在青春期走向叛逆，要么持续低价值感和低效能感导致成瘾行为甚至自杀。

(3)宽容放任型的教养方式则容易造成子女反叛、无法自我控制、支配性强、冲动攻击等问题。这样教养方式下的儿童大多很不成熟，他们随意发挥自己，缺乏冲动控制，往往具有较强的冲动性和攻击性，而且缺乏责任感，合作性差，很少为别人考虑，自信心不足。

(4)忽视冷漠型教养方式容易使孩子具有较强攻击性，很少替别人考虑，对人缺乏热情与关心，在青少年时期更可能出现不良行为问题。

2. 父母教养模式对亲子关系的影响②

(1)父母教养模式对于亲子关系的影响：

(2)权威专制型的教养方式往往容易导致激烈的亲子冲突。

(3)民主权威型教养方式有利于促进积极正向的亲子关系。

(4)忽视冷漠型教养方式往往导致亲子关系疏离。

因此，从家庭服务角度讲，非常有必要通过亲职辅导，帮助父母有效地承担父母角色。

3. 注意事项

需要注意的几点：

(1)虽然关于父母教养模式，已经有比较成熟的测量工具：即父母教养方式量表EMBU，但是关于家庭教养方式的理论模型建构几乎全部基于高收入国家的证据，尤其是美国，而事实上，由于养育方式和实践的不同，高收入国家和低收入国家在儿童发展方面存在许多根本差异，因此，在量表的使用方面要

---

① 蔡春美、翁丽芳、洪福财：《亲子关系与亲职教育》，台湾心理出版社2005年版，第59-60页。

② 王云峰、冯维：《亲子关系研究的主要进展》，载《中国特殊教育》2006年第7期。

慎重。

（2）父母教养模式类型及其影响存在文化差异，比如有一些研究表明东亚的独裁专制方式和民主权威方式一样有效。

（3）父亲和母亲的教养方式未必总是一致，父母对不同顺位出生的子女以及不同性别的子女采用的教养方式也可能不同，因此同一个孩子可能同时受多种教养模式影响，而同一个家庭中的不同孩子也可能在不同的教养模式下长大。

三、父母教养模式的影响因素

从积极心理学的角度讲，相信每一对父母都希望自己成为好的父母，那么，是什么导致了父母教养方式的差异？鲍姆林德注意到压力经常会导致父母行为的改变，比如不一致、消极沟通的增加、监控和/或监督的减少、规则或限制模糊、更被动、更不主动以及越来越严厉的惩戒行为等。而家庭压力理论表明，社会经济政治环境、家庭的社会经济地位、家庭外部的支持系统、家庭结构和家庭关系、甚至家庭成员的身体健康状况都可能导致压力的产生，进而对父母的教养方式产生影响。

中国传统的教养模式基本是重男轻女、棍棒底下出孝子的教养理念和严父慈母的性别分工的集合体。20世纪80年代以来，受计划生育政策和整个国家现代化进程影响，家庭中的少子化特征突出，教养模式的性别分化有所缩小；但与此同时，伴随对外交流和西方各种教育理念、模式的传入和推广，不同社会阶层所具有的资源禀赋使得其在教育资源可及性方面的差距甚大，教养模式的阶层分化、城乡分化持续拉大。20世纪80年代城市中产的《喂养中国小皇帝》（景军）的实践和新千年以来城市中产对《正面管教》（简·尼尔森）的热捧与农村千万隔代教养、寄存教养下长大的留守儿童和跟随父母辗转各地的流动儿童并存。

第二节 亲职辅导的含义和内容

一、亲职辅导的含义

1. 亲职辅导：含义和目的

亲职辅导是指社会工作者在专业价值观和理论知识指导下，运用专业方法和技巧对父母进行具有专业特色的教育和服务，以帮助父母亲成为符合整体社会价值要求的合格而称职的父母。特指由社会工作机构的从业人员实施的，经由专业服务帮助父母亲习得有关儿童青少年发展及相应教养方面的知识，从而调整对待子女的期望、态度和方法，以扮演适当亲职角色的助人服务。

作为一种社会角色，父母有其自身的角色规范和角色要求，所以，成为父母并不意味着其必然能够履行好父母角色，即亲职。亲职辅导的目的就在于帮助父母去学习如何更好地教育孩子，如何更好地履行亲职角色，成为合格而称职的父母。

2. 相关概念辨析

与亲职辅导含义相近的词包括家庭教育和亲职教育。一般来说，人们对家庭教育的理解是指父母在家庭中对孩子进行教育帮助其完成初级社会化的过程，也就是来自家庭的教育，也称为狭义的家庭教育，对应的是学校教育和社会教育。但与亲职辅导或亲职教育所对应的家庭教育，是一种广义的家庭教育，指的是针对家庭或所有家庭成员开展的家庭生活教育，内容包括两性教育、婚姻教育、亲职教育、子职教育、家庭资源与管理教育、家庭生活技能教育等。亲职教育属于广义的家庭教育的一部分，强调通过对父母的知识传授和技能训练帮助父母掌握扮演合格父母的知识和能力。

亲职教育是指通过对父母进行正式或非正式的教育活动，帮助父母习得正确的教养子女的态度、方式、方法，从而与子女建立良好的亲子关系，帮助子女健康成长，更好地适应社会。这些教育活动既有个别咨询、个别指导和个案管理等个案方式；也有专题讲座、团体活动等团体方式。从国外的经验看，涉足亲职教育的行业包括教育界、心理界以及社会工作界。亲职教育在社会工作界和心理咨询界具体表现为亲职辅导。但与教育工作和心里工作突出教育者的专家角色不同，社会工作领域的亲职辅导一方面强调父母的主观能动性，辅导中注重父母优势的发挥和潜能的发掘；另一方面重视环境的作用，强调从人与环境关系的角度理解父母亲职履行中的问题，并以此为基础从资源整合和改善环境的角度进行介入。

3. 亲职辅导的类型

众所周知，按照服务功能划分，社会工作分为治疗性的服务、预防性的服务以及发展性的服务。治疗性的服务也称为补救性的服务，通常都是问题已经发生了，需要去通过干预解决问题。与治疗性服务不同，预防性服务主要针对还没有出现问题，但已经表现出一些可能发生问题的迹象，针对这种情况开展一些预防性的工作。发展性的服务就是当下看不到任何问题的苗头，但是通过干预可以使发展的趋势变化的工作。与此相对应，作为家庭服务的主要工作之一，亲职辅导也可以按照这种分类方式划分为三类：①

(1) 补救性的亲职辅导

补救性的亲职辅导主要针对已经出现严重的家庭问题或子女行为问题的家庭，如存在家庭暴力、儿童虐待、心理疾病、网络成瘾、吸食毒品、青少年犯罪等问题的家庭。干预的目的在于帮助家庭消除或减小其功能缺失的程度。通常这些父母自身带有许多问题，属于高危人群，因此需要更深层面的关注和辅导。

(2) 预防性的亲职辅导

预防性的亲职辅导主要针对某些可能发生问题，或出现轻度问题的家庭提供的父母服务。虽然这些家庭还没有出现明显的子女行为问题，但由于家庭结构、孩子成长环境、父母或孩子自身方面的特殊性，子女今后的发展较易出现问题。比如犯罪人员家庭、贫困家庭、单亲家庭、离异家庭等各种处境不利儿童的家庭，以及家庭中有成员残障、子女转学、亲人离世等事件发生，都较需提供帮助。干预的目的在于防患于未然，或者在问题露出苗头时就给予解决，避免进一步恶化。预防性的亲职辅导重点在于父母的增能，即增加父母改善沟通或解决问题的能力。

(3) 发展性的亲职辅导

发展性的亲职辅导主要针对社会适应正常化的家庭。其辅导对象通常是身心功能健全，亲子关系以及家庭功能良好的父母，属于发展性的亲职辅导。这种发展性的亲职辅导目的在于提供父母相关的指导，帮助父母角色功能的良性发挥，以培养身心健全、品行优良的子女，促进家庭的和谐与美满。以需求作为出发点，辅导的内容可能包括家庭计划咨询、促进和改善家庭沟通的方法和技巧、亲子沟通的方法和技巧、教育子女的方法和技巧、家庭营养与卫生、家庭压力的调适技巧等。

预防性和发展性的亲职辅导有助于帮助家庭保持一个比较良好的状态，使其家庭功能能够得到正常发挥，从而避免家庭问题和子女成长问题的产生。社会工作干预强调提前预防要好于事后治疗，因此，需要对预防性和发展性的亲职辅导给予足够的重视。

---

① 朱东武、朱眉华：《家庭社会工作》，高等教育出版社 2011 年版，第 219-222 页。

二、亲职辅导的内容

亲职辅导的主要内容包括：父母角色认同和适应辅导、父母角色定位辅导、子女成长规律与管教技巧辅导、子女健康人格培养辅导等四个方面。

1. 父母角色认同和适应辅导

亲职辅导的首要任务是使父母明确父职和母职的角色和任务。在社会变迁背景下，妇女参与社会劳动、父权制的式微以及民主型家庭的出现，使得传统的父职和母职角色难以适应社会发展对儿童教育的新需要。因此，工作者需要帮助父母通过学习明确其角色和任务，并在此基础上对其进行适应性训练。

（1）引导父母明确亲职角色和任务

现代社会对于父母角色职责和家庭管理能力的要求有：具备正确的家庭婚姻观；具备自我情绪管理与调适的能力；重视家庭的意义和家庭关系；了解父母职责角色对于子女的影响；掌握经营良好家庭关系的方法和技巧；懂得营养和健康的相关信息；能够有效规划家庭中的衣食住行；能够合理安排金钱、时间和精力；具备搜寻和使用社会资源的能力等。①

（2）亲职适应训练的内容

亲职适应训练可以通过亲职学习小组、亲子沟通小组等实现。工作者通过这样的训练，帮助父母学会了解孩子的需求和节奏；使父母理解自身需要做出多大的牺牲；帮助父母学习理解伴随着孩子的成长自己的家庭关系中有可能出现的各种压力；使父母意识到有些问题需要及时处理；帮助父母意识到沮丧、经济压力和长期睡眠不足，都会带来很多冲突，这反过来会加剧沮丧感；帮助父母意识到，他们需要学习如何爱自己的孩子；帮助父母认识到没有处理得个人问题会带来更多的压力。②

2. 父母角色定位辅导

（1）帮助父母了解父母角色的分类

经过前面父母教养方式部分的学习，已经了解到不同家庭的父母和子女的互动方式是有差别的，那么，是什么使得父母与子女形成不同的互动方式呢？其中一个非常重要的原因就是父母的角色定位不同。积极心理专家曲韵认为，

---

① 王以仁：《亲职教育：有效的亲子互动与沟通》，台湾心理出版社 2014 年版，第 7 页。

② 唐纳德·柯林斯、凯瑟琳·乔登、希瑟·科尔曼：《家庭社会工作（第四版）》，刘梦译，中国人民大学出版社 2017 年版，第 377-378 页。

优秀的父母需要平衡好权威、伙伴、向导和榜样四个角色。工作者需要引导父母认识到，作为家长，至少要兼具照顾者、保护者、教育者、陪伴者、人生向导、榜样、顾问等七个角色，并且要顺应子女成长阶段的变化，做好这些角色之间的调整和平衡。

(2)引导父母了解社会对父母角色定位的期待

在一个相对静态和平的社会环境中，社会意识形态和子女的成长过程本身，都会对父母的角色定位产生影响。湖南卫视曾经有一档亲子互动真人秀节目《爸爸去哪儿》，相信很多人看过。在这个节目中，各位爸爸向观众呈现了不同家长角色定位下，风格迥异的亲子互动画面。作为一档有着广泛受众的电视节目，《爸爸去哪儿》等真人秀节目一定程度上折射出社会大众不同的价值偏好和行为取向，同时也会对公众观念和行为构成一定的导向。

事实上，任何一个社会，对于父母的角色定位都会有一些期望，表现为社会希望父母在孩子的成长过程中扮演哪些角色。父母角色定位的标准不仅是从什么样的角色定位更有利于子女的成长的角度去设置，而且是从社会需要什么样的社会成员的角度去设置。比如在特别崇尚个体自由、尊严和价值的社会，会强调父母的角色定位在于培养一个健康、独立、自我负责的个体；而在倡导集体主义的社会，会更强调父母的角色定位在于培养符合社会要求和大多数人利益、对国家对社会负责的合格的国民。所以说，工作者要给父母提供充分的信息，让父母了解不同社会意识形态对于父母角色定位的不同期待，并选择适合本家庭的角色定位。

(3)协助父母顺应孩子的成长调整角色定位

父母角色定位是一个不断学习的过程。父母需要伴随子女的成长适时地调整角色定位。比如，在子女非常小还没有独立行动能力的时候，父母主要承担照顾和保护的职责；当子女认知能力发展到一定程度，可以去学习一些知识和技能的时候，父母除了照顾和保护子女，开始承担起教育者的角色；当子女长到有了很强的自我意识、独立行动能力以及自我学习能力的时候，父母的重点需要调整为扮演好陪伴者和顾问的角色等。总之，工作者要帮助父母认识到角色定位是一个不断学习的过程，需要根据子女的成长和变化相应地调整角色定位。

3. 子女成长规律与管教技巧辅导

(1)教给父母关于子女成长规律的知识

工作者需要通过恰当的方式，比如个体咨询、集体讲座、推荐阅读等，传授给父母发展心理学和儿童青少年社会适应规律的相关知识，包括：儿童青少年生理发展各阶段的特质和需求；儿童青少年心理、人格与道德发展的特质和需求；影响儿童青少年发展的先天和后天因素；人的生态系统与适应；家庭系统与家庭关系；家庭关系问题的解决和调适等；教育子女的方法；儿童青少年性教育；对子女的友谊发展给予指导；对子女采用恰当的管教方式；预防子女的偏差行为；介入子女的生活适应问题等。① 这些知识都是为人父母者必须掌握的。

（2）帮助父母找到适合自己孩子的沟通方法和技巧

工作者还要帮助父母学会从自己孩子的特点出发，找到适合的沟通方法和技巧。工作者需要引导父母认识到有效的亲子沟通以爱为基础，父母应以正面的、有建设性的、关心的、体谅的、支持的、赏识的、设身处地的态度与子女沟通。研究表明，谈天和谈心是很好的促进亲子交流的方式。谈天式的亲子沟通是建立和增进良好亲子关系，以及促成良好亲子沟通的前提。而建立在亲子谈天基础上的谈心，则具有心理学上的宣泄作用，它可以帮助父母认知子女的内心世界，提供适时而必要的协助或支持。在子女处理挫折、追求成长的过程中，谈心是一种非常有效的方式。

（3）帮助父母掌握有效适用的管教技巧

在实务中，工作者应从父母在子女管教中存在的问题和家庭的资源出发，通过知识讲解和操作训练，帮助父母掌握有效适用的管教技巧。这些技巧包括正强化、负强化、惩罚、行为消退、限时隔离、角色扮演、制定规则、自我控制训练、示范、减压以及果敢性训练等。②

①正强化是指父母发现孩子的恰当行为后，及时将其强化固定，确保这个行为未来能实现的过程。比如，孩子自觉主动完成家庭作业后，父母给予表扬。

②负强化是指父母运用消极的结果来强化或维持孩子的某个行为。比如父母通过吼叫来达到让孩子听话的目的。

③惩罚是指在孩子发生不恰当的行为后，父母立即采取厌恶性措施，阻断孩子的行为重复。比如孩子不完成家庭作业，不允许吃饭。

---

① 王以仁：《亲职教育：有效的亲子互动与沟通》，台湾心理出版社2014年版，第63-67页。

② 唐纳德·柯林斯、凯瑟琳·乔登、希瑟·科尔曼：《家庭社会工作（第四版）》，刘梦译，中国人民大学出版社2017年版，第369-375页。

④行为消退是一种指导孩子将注意力从不符合父母要求的行为转移的技巧。比如父母对任性发脾气的孩子置之不理。

⑤运用限时隔离弱化孩子的问题行为。比如父母把沉迷网络游戏的孩子放在一间没有网络的空房间。

⑥通过角色扮演再现真实的生活场景,达到发展技巧、提高信心处理困境的目的。

⑦制定规则,父母要给孩子制定规则,并指导在何种情况下制定何种规则,以及当孩子不服从规则时,如何强化规则。

⑧通过示范展示教给孩子某些恰当的行为。

⑨运用自我控制训练来训练孩子的自我控制能力。

⑩通过减压训练教给孩子一些日常的放松技巧,去应对生活中的焦虑。

⑪通过果敢性训练教给孩子如何以合适的方式表达自己的想法和期待等。

⑫通过组织和示范家庭会议教给孩子实现家庭成员有效沟通和营造良好家庭氛围的方法。

4. 子女健康人格培养辅导

(1)引导父母认识到健康人格培养的重要性

平常和一些父母交流的时候,大家经常会提出一个疑问,我们培养一个孩子究竟是在培养他的什么?对于父母来说,要找到这个问题的答案,首先必须明确自己希望孩子成为什么样的人,即培养目标。培养目标清晰了,才能够进一步去考虑着重从哪些方面培养孩子。

表 8-1　　　　　　自测——你希望孩子成为什么样的人

1. 身心健康的人	2. 有良好的习惯的人
3. 知识丰富的人	4. 学习能力强的人
5. 富有同情心的人	6. 有进取心的人
7. 善于交流和表达的人	8. 行动力强的人
9. 能够勇敢面对逆境的人	10. 社会认可的成功的人
11. 其他(请注明)	

表8-2　　　　　　　　自测——你着重培养孩子的哪些方面

1. 身心正常发育	2. 习惯养成
3. 掌握知识	4. 学习能力
5. 道德品质	6. 社交能力
7. 动手能力	8. 其他（请注明）

其实，身处急剧变迁、日新月异的时代，伴随快速的知识更新和技能淘汰，父母教给子女的知识和技能并不能够满足孩子未来成长和生活的需要。但是，如果培养子女具备良好的人格和积极的品质，那这对他来说是受益终生的。因为具有良好人格和积极品质的人，更能够适应环境的变化，并和社会形成一种良性的互动，从而让自己拥有幸福的人生。反之，如果一个孩子没有形成健康的人格，存在人格缺陷，就可能在未来漫长的人生道路上产生各种问题。

（2）帮助父母了解什么是健康的人格

那么，究竟什么才算是健康的人格呢？人格心理学家奥尔波特认为，健康人格的特点包括：①

①自我扩展的能力。健康成人参加活动的范围极广。

②密切的人际交往能力。健康成人与他人的关系是亲密的，富有同情心，无占有感和嫉妒心，能宽容自己与别人在价值观方面的差异。

③情绪上有安全感和自我认可。健康成人能忍受生活中不可避免的冲突和挫折，经得起一切不幸遭遇。他们还具有一个积极的自我形象。

④具有现实性知觉。健康成人看事物是根据事物的实在情况，而不是根据自己希望的那样来看待事物。

⑤能够自我客观化。健康成人对自己的所有和所缺都十分清楚和准确，理解真实自我与理想自我之间的差异。

⑥具备定向一致的人生观。健康成人表现出定向一致，为一定的目的而生活，有一种主要的愿望，能对自己的行动产生创造性的推动力。

（3）具体指导父母如何培养孩子的健康人格

健康人格和积极品质的培养并不是一件容易的事情，可能很多父母自身就

---

① 黄希庭：《人格心理学》，浙江教育出版社2002年版。

因为各种原因没有形成健康的人格，那这些会在教育子女的过程中反映出来，并一代一代传递下去。所以子女健康人格培养辅导的第一步，是帮助父母觉察到自身的人格缺陷，并通过接受辅导和学习实现成长，这是避免在教育子女过程中把这种缺陷传递下去的前提。

此外，工作者要就如何培养孩子的健康人格给父母具体的指导。

①工作者应引导父母认识到陪伴孩子共同面对人际交往障碍、情绪控制障碍、性心理困扰以及学习压力等"成长的烦恼"的必要性和重要性。

②引导父母学习通过言传身教提升孩子的心理素质和应对各种问题的能力，使孩子培养起积极正向的人格，为将来迎接生活的考验做好准备。

③对于存在子女行为问题的家庭，工作者不仅要帮助父母及时发现和矫正孩子的不良行为，引导父母对出现严重不良行为和偏差行为的孩子给予特殊关爱，帮助孩子学习解决心理压力问题，共渡难关。

④工作者要指导父母通过创设良好的家庭氛围，增强家庭的凝聚力，了解并接纳孩子，帮助孩子排除社会歧视等，从根本上调试孩子成长过程中心理偏差，转移孩子的不良情绪，帮助孩子建立信心。

第三节 亲职辅导的方法

亲职辅导主要采用社会工作的微观工作方法，包括个别辅导和小组辅导两种方法。

一、个别辅导

个别辅导是一种遵循社会工作价值观和个案工作个别化、接纳、承认、同情关怀、非批判、案主自决、保密等工作原则，以个案工作常用实务工作模式为指导，运用个案工作特有的面对面会谈、家庭访视、个案记录等方法，对父母进行亲职教育的方法。其典型特征是一对一，即一位工作者服务一个家庭。

个别辅导的辅导重点是帮助父母调适角色功能，使其能够顺利履行其应尽的职责；同时，也要帮助父母认识到孩子的子职角色，意识到彼此关系的互动和在关爱中教育的意义。社会工作者在其中可能根据需要扮演治疗者、教育者、引导者、支持者以及资源链接者等不同的角色。

个别辅导过程遵循个案工作的实务流程，即接案和建立关系、问题、需求和资源评估，辅导方案设计和订立协议，实施辅导计划，最后总结和评估辅导的效果，并根据结果予以接案。每一次辅导都要设置具体的任务和目标，并最终帮助父母实现恰当的亲职角色。

从辅导策略来讲，需要根据问题的性质和形成的原因确定是只针对父母进行辅导，还是需要父母和子女都参与其中。子女参与的好处在于，可以相对准确全面地呈现出家庭成员之间的互动和问题的本质。关于辅导重点，相对来说，由于父母作为成年人在家庭中具有更强的主动性，所以亲职辅导的重点在于改变父母。从家庭系统理论角度讲，某一个家庭成员的改变会引起整个家庭互动模式和家庭系统的改变，所以，理论上来讲，父母发生变化了，家庭系统自然而然地会发生改变，进而孩子也会发生变化。

二、父母自助小组

父母自助小组是社会工作者遵循社会工作价值观和小组辅导的工作原则，以小组工作常用的实务模式为指导，以面临相同或相似亲职问题的父母为对象而开展的小组，其目的在于帮助父母通过互相帮助以满足共同的需求、克服常见的亲职障碍或生活迷失问题并产生希望。父母自助小组强调面对面的互动，提供物质和情绪上的支持，体现了自愿、互助与自我成长的精神，社会工作者在其中主要扮演组织者、引导者以及支持者等角色。

父母自助小组需要符合同质，目的性，尊重与自决，自愿以及保密的原则。

1. 同质

工作者在组建父母自助小组时，需要评估把这些父母安排在一起是否合适，即小组成员的构成是否符合同质原则。这是因为，面临不同问题的父母的需要和期待必然是不同的，安排在同一个小组，有可能非但不利于问题的解决，还可能不利于辅导工作的推进，反而会使父母产生一些新的问题。

2. 目的性

区别于一群人漫无目的地闲谈，工作者组建父母自助小组的目的在于通过引导小组进程，调动和发挥小组成员本身的作用，对父母履行亲职过程中出现的问题和困扰进行有针对性的回应，这是小组的目的性原则。

3. 尊重与自决原则

首先在自助小组中，无论是父母和父母之间，还是父母和工作者之间，都应该保持彼此尊重，形成一种平等、民主的交流氛围，每个人都需要耐心倾听他人，同时，每个人都有机会去表达自己的想法。此外，区别于教师或团体心理辅导师等专家角色，父母自助小组中的工作者作为引导者和支持者，需要避免强调自己的专业性，而忽略了父母本身的优势和自决能力。

关于自愿和保密两大原则，此处不再赘述。

工作者带领父母自助小组时的注意事项：①

(1) 不是教训父母而是开导父母

工作者在小组中可能扮演组织者、引导者、支持者等不同角色，但一定不是教育者和专家角色。其作用在于通过引导小组进程和对父母进行恰到好处的开导，调动父母本身的优势和潜能，从而形成小组内部不同成员之间的互助。

(2) 不是替父母决策而是帮父母决策

案主自决是社会工作伦理原则中的重要内容。家庭问题是家庭本身要去面对的，当工作者代替父母做出决策时，需要认识到父母本身才是能够承担行为后果的人，因此也是有权利做出决策的人。此外，父母也是最了解家庭情况的人，只是身处其中难以梳理清楚家庭的问题，工作者需要做的是引导父母理清问题，而不是替父母去做决定。

(3) 不是强化父母对辅导者的依赖而是增进父母自己解决问题的能力

助人自助是社会工作的基本理念。这意味着小组辅导的使命不是让父母们离开工作者就无法履行亲职或者无法互助，而是要帮助父母发展出寻求互助和处理亲职困难的能力。

三、亲子互动小组

亲子关系是人一生中最早接触到的关系，也是人一生社会关系的起点，包含了亲子之间的联结和沟通。良好的亲子关系能够有效地促进个体的身心发育、情感情绪表达和道德品行养成，使个体成长为合格的社会人；而不良的亲子关系则不仅影响孩子的身心健康，而且可能为将来的反社会性埋下隐患。

1. 常见的亲子互动问题

常见的亲子互动问题主要表现为亲子之间缺少互动、互动不当、沟通障碍以及矛盾冲突等。

(1) 缺乏亲子互动主要指亲代和子代之间缺乏沟通交流，从而导致关系疏离、情感淡漠。家庭是个体社会支持的主要来源之一，缺少亲子互动，亲子关

---

① 朱东武、朱眉华：《家庭社会工作》，高等教育出版社 2011 年版，第 233 页。

系疏离淡漠，无论对于亲代还是子代来说，都意味着家庭的社会支持功能弱化，显然于个体不利。

(2) 亲子互动不当，以溺爱过度为代表。溺爱通常指亲代无条件无原则地满足子代要求，对子代过度保护、完全赞赏，其后果往往是造成子代出现自私自利、胆小怕事、不辨是非、能力低下等问题。

(3) 亲子沟通障碍是指由于亲子间交流方式、方法、技巧、能力等存在问题而导致的亲子沟通困难，最突出的表现就是"代沟"问题。随着现代社会变化日新月异和人们的工作生活节奏越来越快，代际成长环境差距越来越大，沟通交流机会越来越少，由此导致亲子沟通障碍问题也越来越突出。

(4) 亲子矛盾冲突是亲子关系问题中最激烈的一种，指亲子互动中出现的亲代与子代之间的紧张、不和谐、敌视、对抗、甚至斗争的关系，通常表现为言语、情绪和身体的冲突。亲子冲突在青春期表现得最为显著，并呈现出倒 U 形的发展规律。

2. 针对亲子互动问题的干预

(1) 亲子互动小组的类型

针对存在潜在风险或初露端倪的亲子互动问题，可以采用预防性、发展性为主的亲子互动小组进行干预。参与这种团体的家庭亲子冲突不大，所设计的内容可以是一些体验性的活动，人数可以多些。社会工作者主要扮演组织者、指导者、支持者以及协调者的角色。

针对已经出现亲子沟通障碍或者亲子矛盾冲突的家庭，可以采用治疗性、康复性为主的亲子互动小组。此类的团体设计主题更有针对性，其形式也较为正式，一般为封闭性小组，人数不宜过多，以免影响互动效果。社会工作者主要扮演治疗者、康复者以及教育者等专家的角色。

(2) 亲子互动小组的任务

在亲子互动小组中，工作者要帮助父母认识到亲子互动的注意事项，包括要定时和子女沟通，允许情感的发泄，选择恰当的沟通时间和地点。

首先要和子女保持适当的沟通频率。在《西雅图未眠夜》《克莱默夫妇》《当幸福来敲门》等电影中，主角们属于不同的阶层，不同的种族，有的面临丧妻，有的面临离异，有的面临贫穷和离异的双重打击，但是都呈现出一个共同点，就是都很重视与孩子的沟通。相应的，影片中的孩子相对来说也都是人格比较健全的人。由此可以看到定时沟通的重要性。

其次，要允许孩子有情绪的发泄。一方面，孩子的情绪控制能力本来就是需要伴随成长逐渐发展起来的，过早地阻止孩子表达情绪，会影响其内在人格的发展；另一方面，通过情绪宣泄确证父母或其他人对于自己的爱，是孩子建立安全感的重要渠道，当孩子发泄情绪时不仅不给予抚慰以帮助其平静下来，还进行体罚、责骂等，会导致孩子安全感的缺失和低自我价值感。

最后，要选择恰当的沟通时间和地点。

(3) 亲子互动小组的策略

在技巧方面，避免直接说教，可以充分利用亲子游戏的作用。比如，实务过程中，当遇到和子女的互动中否定性、压制性特点过于突出的父母时，工作者会通过举办趣味运动会，设计一些需要父母和孩子共同合作来完成的游戏，让父母在游戏中看到平时自己所没有看到的子女的另一面，同时认识到自身教育所存在的一些问题。

本章内容只是抛砖引玉，让大家有一个关于如何帮助父母以及如何提升自己的初步认识，以后在工作中还需要结合具体的情况开展干预。

第九章　家事调解服务

2019年有一部囊括了众多电影奖项并同时获得广泛社会好评的电影《婚姻故事》。影片细致入微地呈现了一段婚姻是如何死亡的，与此同时，通过激烈的离婚冲突揭示了婚姻的终结并不代表亲情的终结这一道理。很多人通过这部影片照见了自己的婚姻生活现实，更多人提出自己对于离婚纠纷的思考：还有没有更好的处理方式？影片中离婚律师的一句话或许为我们给出了答案："刑事律师看到的是一个坏人最好的一面，而离婚律师看到的却是一个好人最坏的一面。"面临离婚冲突时，除了对簿公堂、唇枪舌剑、互揭伤疤这种伤害所有家庭成员的方式之外，还有没有更好地处理方式呢？事实上，是有的，就是家事调解。

伴随2018年7月最高人民法院《关于进一步深化家事审判方式和工作机制改革的意见（试行）》的发布，我国的家事审判制度在试点多年之后，终于形成了这一指导性的意见。在其中对家事调解、家事调查以及心理疏导的落实做了较为细致的规定。这一定程度上标志着我国家事调解的制度化，相信由此将催生对于家事调解服务需求。

第一节　家事调解的含义和类型

一、家事调解的含义

家事调解（Family Mediation）是一个法律概念，是指在本国家庭法律框架下，通过中立的第三方协助家庭解决纠纷、化解矛盾的活动和过程。其目的在于通过调停疏导，促进讨论和谈判，使卷入冲突或争端的家庭成员有机会交换意见、讨论难题并找出双方都能接受的解决方案。

区别于心理治疗、婚姻咨询或法律代理，家事调解要求调解员在调解过程中充当中立的第三方，而不是代表客户或为客户提供咨询服务。但这并不代表家事调解员不需要咨询和治疗的相关知识，相反，家事调解员需要具备更多元的知识构成。①

（1）关于家庭和家庭冲突的知识。家事调解员需要对家庭有充分的认识，尤其是家庭系统和家庭动力的运作、家庭发展阶段及每个阶段的任务、不同文化背景下的家庭的特征、家庭冲突的动力机制等。

（2）关于家庭法律的知识。只有熟悉本国的家庭法律，家事调解员才可能帮助当事人在法律框架内协商彼此的权力与义务。

（3）关于调解和其他冲突处理的理论和技巧。这是从事调解工作的最基本的工具。

（4）家庭咨询和治疗的知识。对于采用治疗性家事调解模式的调解员来说，关于心理咨询和心理治疗的知识必不可少。

二、家事调解的类型

按照处置的家庭冲突的类型差别，可以将家事调解区分为婚姻调解、离婚调解、子女监护或探望调解、老年人事宜调解等。②

1. 婚姻调解

婚姻调解于 20 世纪末在美国兴起，并迅速得到快速发展。婚姻调解指由中立的第三方对那些愿意保持婚姻关系（或同居关系）的当事人提供调解帮助，以使其婚姻（或同居）关系得以维持的活动。

婚姻调解旨在通过和解、咨询以及协商，帮助正在离婚（或分居）或已经离异的夫妻重新认识关系中的角色，重新检视关系中的优缺点以及离异已经或可能会造成的经济社会结构等各方面的损失，最终考虑是否离婚或分居。

婚姻调解的目标决定了其主要任务在于帮助当事人理性认识婚姻关系中的角色差异，重新审视与定位分析冲突的本质和根源，以决定在一起还是分开。如果是在一起，则协助当事人构建合理的期待，积极协商并共同寻求冲突解决的方案或者未来的计划。

---

① Alison Taylor：《家庭冲突处理：家事调解理论与实务》，杨康临、郑维瑄译，台湾学富文化事业有限公司 2007 年版，第 3-4 页。

② 来文彬：《家事调解：理论与实务》，群众出版社、中国人民公安大学出版社 2017 年版，第 7-32 页。

2. 离婚调解

离婚调解于20世纪七八十年代兴起于北美，是最早发展起来的的制度化的调解类型。离婚调解指离婚或分居纠纷的当事人在中立第三人的协助下就子女监护与探望、子女抚养费、财产分割等离异善后事宜自愿进行友好协商，以达成双方满意的公平协议的过程，又称为全面调解。离婚调解是最早的家事调解类型，甚至在一些教材中把家事调解等同于离婚调解。我国最高人民法院2018年发布的《关于进一步深化家事审判方式和工作机制改革的意见（试行）》第39条明确提出"人民法院审理离婚案件，应当对子女抚养、财产分割问题一并处理。对财产分割问题确实不宜一并处理的，可以告知当事人另行起诉"。由此可见，我国的离婚调解也属于全面调解。

虽然离婚调解与婚姻调解在理念以及调解技巧等方面存在相似之处，例如均遵循当事人自愿和自主的原则，调解员均恪守中立，回避评论当事人的过错或对其进行指责等。但其调解对象和目标的不同决定了二者的差别。

在调解对象方面，婚姻调解面向存在婚姻关系，而且没有做出离婚决定的当事人；而离婚调解面向已经做出离婚决定的当事人。在调解目标方面，婚姻调解旨在帮助当事人通过理性思考和和平协商确定是否要保持或终结婚姻关系，即要不要离婚的问题；而离婚调解的重点在于通过调解协助当事人处理好子女监护与探望、财产分割等善后事宜，即如何更有建设性地离婚的问题。在调解模式方面，婚姻调解运用转化取向或治疗性模式较为有效；而离婚调解运用阶段理论模式或程序模式效率更高。但无论是婚姻调解还是离婚调解，现在都强调家事调解过程中增加互动和改变互动模式的重要性。

3. 子女监护与探望调解

子女监护与探望调解是以子女监护与探望纠纷为具体对象的调解类型，是发展最早也受到最多重视的调解类型。子女监护与探望调解旨在帮助已离异或正诉求离异的父母寻求如何妥善处理子女纠纷，使父母与子女的生活重返有序，并积极应对未来变化。与全面的离婚调解不同，子女监护与探望调解的重点集中于子女事务的处理，避免因为离婚中的财产纠纷等冲淡父母对子女利益的关注和满足。

子女监护与探望调解在美国、加拿大、英国、挪威、埃及、丹麦、澳大利亚、新西兰以及日本等国家都有明确的立法规定和实务工作，但不同国家的制度和干预实践略有差别。分为专门针对子女监护和探望等事宜的离婚调解（Child-focused Mediation）和专门的子女监护与探望调解（Custody and Visitation

Mediation)。总体表现出以子女利益最大化为出发点,重视维护子女利益的特点。

4. 老年人事宜调解

老年人事宜调解属于近年来新型的家事调解类型,指专门为解决赡养费、居住安排、财产管理和分配、医疗决定、赠与继承、监护与照料等老年人纠纷事宜而创设的一个由当事人自愿参与的、具有非正式性、保密性的社会性纠纷解决程序。

在老年人事宜调解过程中,调解员不提供实质性建议,而是为纠纷当事人提供一个家事决议的讨论场所,旨在引导、促进家庭成员之间建议有目的的对话,并最终通过对话达成各方可接受的、行之有效的纠纷解决协议,并促进各方未来的合作和沟通。

第二节 家事调解的模式和过程

一、阶段理论模式

阶段理论模式(Stage Theory Model)的核心精神是家事调解从开始到结束遵循一定的流程。该理论认为家事调解历程包括开始、中间及结束三个阶段,每个阶段都有相应的任务和固定的过程,并由此形成一个序列,每一个阶段都会影响到下一个阶段。阶段理论模式的核心信念是:"只要调解员完整经历了所有阶段,并且正确完成每个阶段的任务,就能够达到理想的调解结果"。因此,作为调解员来说,基本工作就是了解每个阶段并促进每个阶段的任务达成。[1]

阶段理论的演进与调解员的经验密切相关。因此,不同的调解专家总结出了不同的调解过程。有七阶段调解模式、十二阶段调解模式以及不同的五阶段调解模式等。这里从适用性的角度考虑,重点介绍约翰·海恩斯(John Haynes)(1994)的循环五阶段模式:[2]

---

[1] Alison Taylor:《家庭冲突处理:家事调解理论与实务》,杨康临、郑维瑄译,台湾学富文化事业有限公司2007年版,第112页。

[2] Alison Taylor:《家庭冲突处理:家事调解理论与实务》,杨康临、郑维瑄译,台湾学富文化事业有限公司2007年版,第115页。

(1)收集资料：家事调解员收集、澄清及分享收集的资料；
(2)定义：根据资料定义问题；
(3)发展解决问题的选项；
(4)协助当事人从自我利益发展出双方互利的观点；
(5)针对选项做讨论，达到双方都能接受的协议。

海恩斯指出，由于家庭冲突的复杂性，所以家事调解过程需要不断重复以上五个阶段，直到所有问题得到妥善解决。

二、程序模式

程序模式(Procedural Models)是一种强调争端的内容以及调解的程序，而对当事人的互动以及家庭关系不甚看重。程序模式的核心信念是："如果调解员以及当事人遵循了所有的程序，那么结果就会是正向的"，因此对标准的特定的程序的要求很高，最好调解员处理每一个案件都依据相同的程序，不要有变化。①

程序模式的基本原则：②

(1)调解过程必须严格遵守公平原则，没有例外；
(2)调解形式遵循标准程序司法模式，当事人拥有同样的时间，相同的过程，严谨地平衡当事人的参与程度；
(3)所有当事人都必须遵循这些原则，对违反规则的情况及时处理；
(4)通过遵循这些原则，当事人会产生公平感，并接受结果的公平性，从而减少持续的冲突。

结构式调解模式是程序模式的一种，强调通过调解过程中利用规则(比如严格遵守公平原则等)创造良好氛围，以减少当事人的对抗，增强合作。在这种模式中，调解员扮演中立协调者的角色，主要任务是主持谈判、评估协议的公平性和合理性以及阻止不当的协议。结构式调解模式调解过程中不允许当事人接触私人律师，但在即将结束时，调解员会请一位中立的律师帮助调解员和当事人，对协议提供法律上的建议，并可以应当事人请求评估协议的公平性和

---

① Alison Taylor：《家庭冲突处理：家事调解理论与实务》，杨康临、郑维瑄译，台湾学富文化事业有限公司2007年版，第121-122页。

② Alison Taylor：《家庭冲突处理：家事调解理论与实务》，杨康临、郑维瑄译，台湾学富文化事业有限公司2007年版，第123-124页。

合理性。①

从以上简单介绍已经可以看出，程序模式比较适合于当事人具有相同的价值观、情绪平稳、行为正常的家庭，不适合混乱形态的家庭，也不适合有强迫性行为或自我中心状态家庭成员的家庭，因为这些类型的家庭无法遵循程序和规则。②

三、问题解决与协商取向调解

问题解决取向属于第一波家事调解领域的模式取向，由社区服务发展而来。这一模式主要针对的问题是司法系统下人们离婚时的敌对状态以及由此造成的对孩子利益的忽视，强调家庭的多重选择，并认为家庭应该根据孩子的最佳利益做选择，认为通过具有问题解决取向训练的中立的家事调解员的调解，能够帮助当事人减少敌对状态，从而朝向正向的协议历程。③

早期的问题解决取向家事调解服务认为，如果家庭能够自行产生正向的问题解决过程，他们就不会采取敌对的离婚方式，因此如果家事调解员提供给家庭积极的问题解决历程，离婚的双方就能够成功地自行解决问题。由此决定了家事调解员的角色是帮助当事人决定问题、议题以及协助解决问题或处理争端；其工作主要是引导问题解决的过程，帮助当事人在协商之前能够发展一些选项或替代性方案。④

问题解决取向调解员需要具备的知识包括：关于分配(输-赢、竞争)和合作(双赢、合作)的知识；关于问题解决历程的知识；处理争端的能力；关于个体需求和家庭系统的知识等。⑤

国外的实践表明，问题解决取向对于处理某些议题单一、社区议题、双方都希望能有结果或当事人对问题定义很清楚的案件，效果是比较突出的。但对

---

① Alison Taylor：《家庭冲突处理：家事调解理论与实务》，杨康临、郑维瑄译，台湾学富文化事业有限公司 2007 年版，第 122-123 页。

② Alison Taylor：《家庭冲突处理：家事调解理论与实务》，杨康临、郑维瑄译，台湾学富文化事业有限公司 2007 年版，第 124 页。

③ Alison Taylor：《家庭冲突处理：家事调解理论与实务》，杨康临、郑维瑄译，台湾学富文化事业有限公司 2007 年版，第 117 页。

④ Alison Taylor：《家庭冲突处理：家事调解理论与实务》，杨康临、郑维瑄译，台湾学富文化事业有限公司 2007 年版，第 118-119 页。

⑤ Alison Taylor：《家庭冲突处理：家事调解理论与实务》，杨康临、郑维瑄译，台湾学富文化事业有限公司 2007 年版，第 120 页。

涉及复杂的家庭动力的案件作用有限，这类案件更适合治疗性调解模式和转化式调解模式。

四、治疗式调解模式

治疗式调解模式（Therapeutic Models）是将家庭治疗的背景和训练运用于调解服务，将临床及治疗的理论及实务修改为家事调解所需要的形式的模式。治疗式调解模式的核心信念是："个人和家庭必须要进行系统性的转变，之后才能有效地形成能够持续的协议"。① 岳云和本杰明（Irving and Benjamin）于20世纪90年代发展出治疗式家庭调解模式（Therapeutic Family Mediation，治疗式家事调解模式）。岳云等人认为治疗式家事调解模式是最适合华人家庭的调解模式。②

治疗式家事调解模式要求调解员具备心理治疗和家庭治疗的基本理论训练，并能够提供治疗评估以及干预。治疗式家事调解模式沿袭家庭治疗一贯的系统论视角，将家庭冲突理解为系统的冲突，因此用系统的观点而不是权利和协商的观点处理问题。但治疗式家事调解模式同样强调调解员的中立角色，要求避免不适当的介入系统。③ 大致来说，治疗式家事调解模式中的调解员所发挥的是指导性的作用，包括充当疏通情感障碍的治疗师、维护子女利益的指导者以及解决纠纷的协调者等。

治疗式家事调解模式将调解服务划分为五个阶段：④

①评估阶段：

主要任务是建立关系，评估是否适合调解以及订立协议。评估的内容包括离婚夫妻的交际能力、亲职功能、心理调整技巧、生活环境、法院的参与以及婚姻关系质量等。

②前调解阶段（调解准备阶段）：

主要任务是开展咨询或者治疗。向当事人提供她们/他们不熟悉的信息；

---

① Alison Taylor：《家庭冲突处理：家事调解理论与实务》，杨康临、郑维瑄译，台湾学富文化事业有限公司2007年版，第125页。
② 岳云（Howard H. Irving）编著：《家庭调解：适用于华人家庭的理论与实务》，芲英丽、王振福、袁菊花译，中国社会科学出版社2005年版，第26-27页。
③ Alison Taylor：《家庭冲突处理：家事调解理论与实务》，杨康临、郑维瑄译，台湾学富文化事业有限公司2007年版，第126页。
④ 岳云（Howard H. Irving）编著：《家庭调解：适用于华人家庭的理论与实务》，芲英丽、王振福、袁菊花译，中国社会科学出版社2005年版，第74-89页。

缓和当事人因为离婚事件而出现的情绪问题；教给当事人一些谈判技巧；及时阻止并避免功能失调的关系模式。

③协商阶段：

主要任务是当面的联合调解。最终的调解目标是帮助当事人解决所有的纷争问题。除此之外，还有一些和关系相关目标，比如接受离婚的事实、把悲伤留在过去、建立一种工作伙伴关系、将孩子放在首位、显示出建设性的谈判技巧、创造一个平等的环境、承诺服从调解结果等。在这个阶段，调解员要做到保证双方当事人有平等的机会发展、协商，并最终取得能够照顾双方利益并令双方都满意的协议。

④终止：

如果调解不成功，可能需要根据评估结果确定转介还是直接进入诉讼程序。

如果调解成功，引导当事人回顾调解过程，包括调解所带来的当事人以及关系的改变和如何抵达成功的经验，从而增强当事人通过家事调解解决问题的信心和经验。

⑤跟进阶段：

一般在调解之后的一段时间进行，主要任务一个是巩固调解所达成的效果；另一个是对当事人协议的持久性和调解的有效性进行评估。

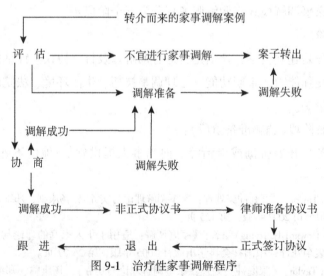

图 9-1　治疗性家事调解程序

资料来源：岳云（Howard H. Iring）编著：《家庭调解：适用于华人家庭的理论与实务》，苈英丽、王振福、袁菊花译，中国社会科学出版社 2005 年版，第 74 页。

五、转化式取向的调解

在二十世纪八九十年代，针对程序模式和问题解决模式的局限，Bush 和 Folger(1994)提出，家事调解应该通过提升当事人内在的价值、赋权以及认可的需求，将焦点放在转化当事人本身，而不是外在的争端和问题、程序或逻辑、调解计划书或是否进入法院等，由此提出转化式取向(Transformative Approaches)的家事调解。

转化式取向将调解员定位为当事人态度的改变者，而不是改变当事人的行为；是协助转化当事人本身，而不是处理问题。①

转化式取向家事调解的重点：②

①开场白说明一切：调解员的角色和目标，并强调历程主要是为了赋权和认可当事人；

②当事人的选择：当事人为自己的选择与决定负责；

③当事人最清楚自己的状况：调解员要自我觉察，不要对当事人的观点与决定做不适当的评判；

④当事人具备所有应有的能力：调解员对于当事人的能力及动机应保持乐观和正向的看法；

⑤情绪当中仍有事实：允许并且对于当事人的情绪表达有所回应；

⑥明晰是从混乱中演化而来：允许以及探索当事人的不确定感；

⑦会谈现场的互动：将焦点放在此时此刻的冲突互动状况；

⑧探讨过去对当下是有价值的：当事人陈述过去的事情时，调解员要有所回应；

⑨冲突是一个长期事件：将调解当成是一个长期冲突互动中的一部分；

⑩任何小的进展都很重要：当赋权和认可发生时就是一种成功，即使程度不高。

转化式取向调解反对适用详细的指导手册，强调调解过程本身是互动的，重点在回应当事人，通过增强当事人的价值感、权能感以及自我认可来为解决纠纷打好基础，而不是遵循固定的程序。因此，转化式取向调解无法重复，而

---

① Alison Taylor：《家庭冲突处理：家事调解理论与实务》，杨康临、郑维瑄译，台湾学富文化事业有限公司 2007 年版，第 135 页。

② Alison Taylor：《家庭冲突处理：家事调解理论与实务》，杨康临、郑维瑄译，台湾学富文化事业有限公司 2007 年版，第 136-137 页。

且掌握不好，很容易混淆咨询和调解。①

六、互动式取向

互动式取向（Interactive Approaches）由 Lang 和 Taylor 于 2000 年提出，认为调解员应该在调解过程中持续地评估互动，包括当事人之间的互动和当事人与调解员之间的互动，无论是直接或是间接地，同时要形成对当事人及其争端的问题以及调解历程的假设，以提供最好的服务。②

互动模式的根本信念是：③

①如果互动过程是负向的，就不会有正向的结果。

②如果当事人改变互动，朝向更正向、更公开、更完整的对话，那么互动形态的改变将会促使冲突的解决成为可能。

基于以上两个信念，互动取向调解认为，调解员首先要做的是改变当事人的互动方式，即通过帮助当事人改变其情感、观念以及行为，来改变他们之间的互动方式。④

Lang 和 Taylor 认为虽然调解员对调解历程中的权力平衡负主要责任，并保持中立的角色，但是在调解气氛以及沟通方面，调解员只是互动系统中的一员，而不是主导者。因此，调解员要拥有足够敏感的自我反思和觉知能力，不仅能够呈现互动的历程，还能够抓住改变互动的节点。

调解员需要觉察的会谈中的互动要素包括：⑤

①关系：互动各方的联结程度如何？在调解之后，他们关系的层次改变得如何？

②权力和冲突的定位：这些权力与冲突是竞争的还是可以避免的？互动各方是否了解他们对其他人的权力？他们如何使用这些权力？

---

① Alison Taylor：《家庭冲突处理：家事调解理论与实务》，杨康临、郑维瑄译，台湾学富文化事业有限公司 2007 年版，第 138 页。

② Alison Taylor：《家庭冲突处理：家事调解理论与实务》，杨康临、郑维瑄译，台湾学富文化事业有限公司 2007 年版，第 143 页。

③ Alison Taylor：《家庭冲突处理：家事调解理论与实务》，杨康临、郑维瑄译，台湾学富文化事业有限公司 2007 年版，第 144-145 页。

④ Alison Taylor：《家庭冲突处理：家事调解理论与实务》，杨康临、郑维瑄译，台湾学富文化事业有限公司 2007 年版，第 145 页。

⑤ Alison Taylor：《家庭冲突处理：家事调解理论与实务》，杨康临、郑维瑄译，台湾学富文化事业有限公司 2007 年版，第 144 页。

③沟通：互动各方是否有沟通的主题？如何沟通？何时发生沟通障碍？如何发生又如何解决？

④互动的范围：互动各方是否可以自由表达自己或很受局限？他们是否会尊重彼此的界限？

⑤透明度：互动各方沟通的开放度如何？是否诚实？沟通方式是否明显？他们是自然的或是胁迫的？

⑥尊重度：互动各方是否能够表达真实的同理？他们是否困在防卫和贬低对方中？

互动式取向的提出，与其说是为了颠覆以往的家事调解模式，不如说是为了弥补其他家事调解模式对互动的关注不足，因此，在实务中，调解员往往是在已有的调解模式基础上，通过加入互动式取向的实践，提高服务的品质。

第三节　家事调解的原则和实务技巧

一、家事调解的伦理原则

伦理原则是应该如何工作的一般原则，和其他助人者一样，家事调解员同样受到伦理原则约束。McDonald(2001)提出的五项跨专业的实务操作伦理基本原则，同样适用于调解领域。[①]

①不伤害——调解进行前、进行过程中或是调解结束后，都不允许有威胁、控制或是言语、心理、肢体的虐待行为。

②创造最大利益——以最佳的工作守则与服务，促进调解目标的达成，鼓励当事人参与讨论对调解目标的想法。

③公平与公正——对当事人无偏见与歧视，尽可能地维持对双方当事人平等与尊重的态度；调解工作者个人偏见与价值不应干扰调解过程，维持适宜的价值中立。

④当事人自决——鼓励当事人自我揭露；尊重当事人做独立选择，不受他人影响的权力；即使在非自愿进入调解的状况下，仍维护当事人的选择权，同

---

① Alison Taylor：《家庭冲突处理：家事调解理论与实务》，杨康临、郑维瑄译，台湾学富文化事业有限公司2007年版，第224页。

时确保选择的权力在调解情境外仍被遵守;选择必须出自当事人自愿,没有胁迫。

⑤遵守承诺——切实执行承诺当事人的事,不论是书面的或是人际关系的承诺。

当事人自决是调解工作者最重要的原则。在家事调解案件中,评估者、仲裁者、司法判决者都会避免伤害、创造最大利益、维护公平正义、遵守合约,但是只有家事调解员赋予当事人自决权。

另一位调解专家 Sarah Grebe(1992)指出当事人自主行动是调解应该坚持的主要伦理原则,其意涵包括:[1]

①不受胁迫的自由;

②选择的自由;

③知情与合理地选择;

④合乎道德价值认知基础的选择。

岳云等人(2005)也提出家事调解的七个原则:

①自决权;

②保密与拒绝证词;

③公正和平等;

④完全的公开;

⑤安心和安全;

⑥保证儿童的最佳利益;

⑦中立。

二、家事调解的实务技巧

家事调解实务中的技巧包括评估技巧、会谈技巧、权力平衡技巧、保持中立的技巧以及转变僵局和停滞的技巧。

1. 评估技巧

为了使调解达到最好的效果,调解员需要通过完整而有组织的方法对问题、个案以及整个调解历程做事前假设或评估。这是因为了解家庭冲突状况,会有助于调解的进展。

---

[1] Alison Taylor:《家庭冲突处理:家事调解理论与实务》,杨康临、郑维瑄译,台湾学富文化事业有限公司 2007 年版,第 225 页。

(1) 如何评估家庭系统

家谱图是评估家庭系统的有效工具。此外，Karpel(1994)设计了一个评估家庭系统的指标体系，包括事实、个人特质、争端的情感背景以及介入的预备状况等。①

①事实

当事人知否有婚姻关系或同居状态，是否所有家庭成员都在家谱图上？

目前这些人是否彼此对话？如果没有，他们上一次谈话的质量如何？在何时？

谁主动提议调解？谁付费？

他们在一起的时间有多长？在发生争端之前他们的关系如何？

有哪一些外在压力源他们必须单独或一起面对？

他们的财务安排是怎样的？

②个人特质

是否有任何参与调解或可能会被调解影响到的家庭成员有长期或忽然的情绪或行为问题？

不同家庭成员之间对彼此的承诺程度怎么样？

③争端的情感背景

家庭成员彼此的依附与自主关系如何？

家庭成员的沟通功能如何？

是否因为性别、年龄或其他因素使家庭成员的权力结构有差异？

是否有其他的系统影响该争端或家庭？

家庭成员对彼此的信任与公平性程度如何？

是否有一些保护性的因素或是系统的功能问题使得问题或争端持续？

④介入的预备状况

当事人是否有参与调解的经验，他们是否了解什么是调解？

调解员与当事人或家人的关系如何？

当事人是否已经准备好参与面对面的调解，或者在此之前，他们是否需要其他的服务？

(2) 如何了解争端之前的状况及准备

---

① Alison Taylor：《家庭冲突处理：家事调解理论与实务》，杨康临、郑维瑄译，台湾学富文化事业有限公司2007年版，第154页。

评估当事人时，家事调解员需要了解清楚当事人所经历的压力是因为冲突争端而产生的，还是他们先前就存在个人或社交问题，即搞清楚当事人是否具备完整的能力以通过调解解决争端和冲突。如果当事人暂时存在情绪压力，那么放慢调解进度，使当事人感受到支持并且待到他状态稳定时再开始调解是很重要的。即保证当事人已经准备好了再推进调解进程。[①]

（3）如何评估需要解决的问题

家庭本身的复杂性和流动性，使得家事调节员要找到家庭问题的症结并不是一件容易的事。家庭冲突的原因有很多种，包括家庭成员的身心健康状况、家庭的信念系统、家庭互动模式以及家庭外部环境等。对于家事调解员来说，当信息有限的时候，很难判断究竟是家庭互动模式导致家庭成员的心理或精神问题，并引发家庭冲突；还是家庭成员的观念或心理问题导致家庭互动问题，进而引发家庭冲突。

因此，评估需要解决的问题时，非常重要的一点是，家事调解员要避免成为家庭的评价者，而是应搜集尽可能多的家庭信息，对这些信息进行分类整理，并在此基础上决定调解方向和调解顺序。需要注意的是，当家事调解员根据家庭问题拟定了调解方向和调解顺序后，当事人有权利决定是否同意调解员的意见。[②]

2. 会谈中的技巧

（1）和多位家庭成员进行调解

在处理涉及当事人比较多并且比较复杂的调解案例时，比如老年人居住照料案件、遗产继承案件等，一位调解员很难应付整个过程，这种情况下，再加入一名调解员组成调解团队就很有必要。

需要注意的是，组成调解团队不仅意味着工作者人数的增加，更是过程设计的重新调整，包括调解分工、调解过程以及调解时间等。这些需要根据案件类型以及调解团队不同调解员的专长等具体情况确定。相较于独立调解，团队调解能够给予彼此记录互动、分享观点和信息以及分担彼此长时间会谈可能带来的压力等。此外，对于新老搭配的团队来说，团队调解也是在实务中操练和督导的过程，有助于新家事调解员的成长和发展。

[①] Alison Taylor：《家庭冲突处理：家事调解理论与实务》，杨康临、郑维瑄译，台湾学富文化事业有限公司2007年版，第155-156页。

[②] Alison Taylor：《家庭冲突处理：家事调解理论与实务》，杨康临、郑维瑄译，台湾学富文化事业有限公司2007年版，第157-158页。

(2) 单独会谈

从家庭系统理论角度讲，显然在家事调解中采用联合会谈是更好的选择，因为这样更有利于呈现家庭成员之间的互动模式，从而更准确地把握冲突的症结。然而，在某些特殊情况下，还是需要设计单独会谈，以更好地推进调解进程。比如，对于爱面子的当事人，当他们知道他们需要放弃自己的立场或者需要以另一种方式和对方互动时，可能并不容易很快做到。这种情况下通过单独会谈给他们面对自己困境的机会和时间，并在此过程中实现心理的适应和过渡；再比如，对于调解过程中难以控制情绪的当事人，单独会谈提供了一个平复情绪的机会。

简而言之，单独会谈为需要的当事人提供了做出改变的时间和学习的机会，使其经过这个过程再次回到联合会谈时，能够开启不同的互动可能性。而对于调解员来说，单独会谈是一个比较好的管理和介入的机会。

3. 权力平衡的技巧

关于权力，很多哲学家、思想家给出过定义。哲学家罗素认为："权力是故意作用的产物，当能够一个人故意对另一个人的行为产生作用时，前者便具有了对后者的权力。"换句话说，罗素认为权力是一些人对他人产生预期或预见效果的能力，重在目标。而思想家马克斯·韦伯将权力定义为："一个或若干个人在社会生活中即使遇到参与活动的其他人的抵制，仍能有机会实现他们自己的意愿的能力。"显然，韦伯定义体现了权力所蕴含的控制与反抗关系的本质，重在关系。

John Kenneth(1992)以权力获得效果(目标)的方式为标准，将其划分为三种形态。① 惩罚性权力：通过处罚及威胁、处罚或是丧失使他人服从；补偿性权力：通过提供奖赏获得服从；条件式权力：通过改变别人的信念或是游说获得服从。

在实际生活中，三种权力形态往往是交织作用，已取得现实生活的关系平衡。

(1) 家事调解如何认识家庭中的权力

家事调解员需要认清的现实是：家庭在进入调解之前已经有某些形式的权力在运作，同时，调解过程也是权力运作的过程。调解员需要通过评估以获得

---

① Alison Taylor：《家庭冲突处理：家事调解理论与实务》，杨康临、郑维瑄译，台湾学富文化事业有限公司2007年版，第175页。

家庭系统权力运作的信息，并在此基础上决定是否需要出面平衡家庭成员之间的权力。家庭系统中权力的互动形态包括控制-退让和合作两种模式，前者可以称之为权力支配模式，后者可以称之为权力配合模式。每个家庭的权力互动模式基本稳定。

问题解决模式或程序模式的家事调解会认为权力平衡在家事调解中是有必要的，调解员在调解中需要承担维持公平的角色。Haynes(1988)提到权力的平衡在家人关系中是多重且流动的。首先，每个人在某一种关系中都有一种独特的权力基础。比如传统家庭中丈夫/父亲的权力基础可能是养家，妻子/母亲的权力基础可能是持家。其次，家庭系统中的权力结构是相对的，当一个人拥有某种权力时，另一个人自动就会获得另一种补偿性的权力。比如妻子/母亲非常能干的家庭，丈夫/父亲可能就比较不操心。再次，权力是流动的，家庭成员之间有时会交换或者转移权力。比如青春期以后的孩子可能向父母争取权力。①

Haynes认为，即使是那些看起来软弱的、受伤害的、被忽视的家庭成员，依然拥有权力，称之为被动的权力，即让自己成为社会负担的权力。② 比如当强势的家庭成员控制家庭所有运转沉浸于支配者的快感中时，那些被削弱权力的成员其实也获得了作为被照顾者的满足。这也是习得性无助的生成机制。

(2) 家事调解如何实现权力平衡

调解的作用，就在于通过调解员和当事人的共同努力，提供一个重新平衡权力的机会。当居于被动或从属地位的家庭成员，能够在调解会谈中表达自己的看法时，权力的平衡就已经开始发生改变。家庭中的支配者开始不再能忽视那些被动的家庭成员。

对于调解员来说，重新平衡权力的前提，是了解家庭原有的权力结构、过去使用的权力形态以及目前家庭成员的权力困境是什么。在此基础上，通过调解推动新形态的权力产生。比如，兄弟姐妹之间可以使用配合式权力，而不是用补偿或惩罚性的权力处理老人安置问题。③

---

① Alison Taylor：《家庭冲突处理：家事调解理论与实务》，杨康临、郑维瑄译，台湾学富文化事业有限公司2007年版，第176-177页。

② Alison Taylor：《家庭冲突处理：家事调解理论与实务》，杨康临、郑维瑄译，台湾学富文化事业有限公司2007年版，第177页。

③ Alison Taylor：《家庭冲突处理：家事调解理论与实务》，杨康临、郑维瑄译，台湾学富文化事业有限公司2007年版，第178页。

权力平衡可以应用于家事调解中所有的模式，但策略有所差别。如果调解员采用问题解决问题，那么他所从事的权力平衡会和其取向一样，并成为一个权力的监督者和中介者。如果是转化或治疗性家事调解模式，家事调解员并不担任中介者的角色，而是通过制造一种情境，给予当事人支持和鼓励，让家庭成员自己重新建构家庭权力结构和类型。无论采用哪种调解模式以及策略，调解员都必须敏锐地了解自己的角色和功能。①

4. 调解过程中保持中立的技巧

家事调解专家认为中立(Neutrality)包括两个要件：一是要做到不偏不倚(Impartiality)，即调解员没有任何个人主观的感受、价值或立场；二是等距(Equidistance)，即调解员的能力能够帮助冲突的各方平等真实地表达他们的观点。② 一个中立的调解员对于调解的结果要公正无私，对于当事人的观点要有相同的立场。

(1) 调解中保持中立的困难

保持中立是家事调解的基本伦理原则，但是在实务中由于家事调解案件本身的特殊性以及调解员所使用的模式不同，会影响调解的中立程度。区别于劳资争议、社区争议等，家庭冲突不仅要处理权力和利益问题，还要处理情感、思想、态度以及价值等问题，而这些很难通过协商解决。此外，不同的调解模式对于问题的主动程度、介入形态以及程度等都有差别，也很难形成标准统一的中立。

家事调解领域至少呈现出两种对于中立的理解，即严格的中立和扩展的中立。前者只注重过程而不关注当事人；后者认为调解员应该介入，并且把调解的重点放在个人或社会层面的改变。不同的调解模式对于中立有不同的理解。问题解决模式或程序模式较为接近严格的中立的概念；而转化取向和治疗性模式则倾向于采用扩展的中立的理解。当采用扩展的中立时，很容易违反中立的原则。③

(2) 调解过程中如何保持中立

---

① Alison Taylor：《家庭冲突处理：家事调解理论与实务》，杨康临、郑维瑄译，台湾学富文化事业有限公司 2007 年版，第 178-179 页。

② Alison Taylor：《家庭冲突处理：家事调解理论与实务》，杨康临、郑维瑄译，台湾学富文化事业有限公司 2007 年版，第 180-181 页。

③ Alison Taylor：《家庭冲突处理：家事调解理论与实务》，杨康临、郑维瑄译，台湾学富文化事业有限公司 2007 年版，第 181-182 页。

针对调节中普遍存在的违反中立原则的可能性，调解专家提出了应对的基本原则，即：家庭和个人不仅能够选择结果和解决，同时还可以选择过程。在这一基本原则指导下，发展出一些应对方法：

①让当事人能够以他们自己的方式陈述自己的故事，即自主；

②让每一方都能够有开放和完全的叙事，即平等；

③保证当事人的自我决定，不过度影响不愿意被影响的当事人，即自决。

只有如此，家事调解员才能让所有当事人和家庭成员感受到他是值得信赖的，没有偏见的，从而保证调解过程的顺利推进。

5. 转变僵局和停滞的技巧

当调解过程中出现僵局（Impasse）的时候隐含了两种敌对的且相同的力量同时出现，重新平衡他们的权力，但是无法清楚知道哪一个人是胜利者。或者说，在一个控制与顺从的模式中，没有人是胜利者，即没有人达到了目的。

（1）家事调解员如何认识僵局

调解员对于僵局的认识对于推进调解非常重要。调解专家把它看作重新检视权力关系的机会，已决定继续采取竞争式的解决方式，或重新采取合作式解决方式。这是因为，调解专家认为在系统的观点看来，争端并非毫无希望的僵局，而是家庭正在形成新的界限的过程。家庭成员已经了解自己能力的限制，使其无法进行妥协、退让或改变。僵局并不意味着处于触礁状态，而是一种特殊的休息状态，并不是失败，而是一种向前的力量，显示了每个人的界限和他们的动力范围。这是一种重视当事人自我决定和从正向解决僵局的认识。

僵局或停滞不仅对当事人有意义，对调解员同样有意义。当僵局或停滞出现时，调解员需要重新思考自己的假设、模式与行为。比如，是否达到中立的要求；到底是什么导致僵局；如何帮助当事人走出僵局等。有些调解专家认为僵局或停滞无论对于当事人还是调解员，都是制造改变和成长的契机。如果调解员一再遇到调解过程中陷入僵局或停滞的案件，那么，这或许在传达一些信息，比如可能调解员对自身的调解步调不敏感，或者存在一些没有显现的议题或一些家庭系统动力还没有被完全处理，抑或调解员所使用的调解模式不适合等。总之，提示调解员应该足够重视，并对自身加以改进和提升。①

（2）家事调解员如何处理僵局

---

① Alison Taylor：《家庭冲突处理：家事调解理论与实务》，杨康临、郑维瑄译，台湾学富文化事业有限公司2007年版，第188页。

如何克服这些僵局或停滞达成协议呢？Moore(1988)认为必须个别化地分析每个僵局的原因，对于由资料、结构、利益、价值观与关系的冲突等不同原因导致的僵局，应采取不同的解决办法。①

①当因资料的冲突而导致僵局时，Moore 认为可以让双方同意哪些资料是可以收集的，以哪些标准来评估这些资料，然后寻求第三方的意见；

②对于利益冲突引起的僵局，Moore 建议寻找双方共同的利益，并且使用头脑风暴的方法寻找整体的解决方案；

③对于结构冲突引起的僵局，Moore 建议改变时间上的压力，将时间切成较小的单位，重新分配使用权和资源的使用，改变外在的环境，调整平常的方式；

④对于由价值观导致的僵局，Moore 建议扩大影响范围，让每个人的价值观都有优先的可能；

⑤对于和人际关系有关的困境，Moore 建议控制情绪的表达方式，或是鼓励将情感合理地表达出来，澄清当事人的观点和论点，并且避免重复性的负面行为。

在转化式取向或治疗性调解模式中，遇到停滞的现象时，调解员需要停止进行调解，去向当事人了解以下信息：停滞的原因以及希望如何配合；是否认为停滞表示永久性失败了；他们当下的状况是否已经是他们能够进行的极致了等。②

遇到僵局或停滞时，调解员同样要保持中立，不偏不倚，允许当事人完全地自我决定，让他们自己意识到这个问题，并且决定如何做。但调解员可以提醒当事人到目前为止获得了哪些成功，在停滞之前已经达成了哪些协议等。③

---

① Alison Taylor：《家庭冲突处理：家事调解理论与实务》，杨康临、郑维瑄译，台湾学富文化事业有限公司 2007 年版，第 186 页。

② Alison Taylor：《家庭冲突处理：家事调解理论与实务》，杨康临、郑维瑄译，台湾学富文化事业有限公司 2007 年版，第 187 页。

③ Alison Taylor：《家庭冲突处理：家事调解理论与实务》，杨康临、郑维瑄译，台湾学富文化事业有限公司 2007 年版，第 187-188 页。

参考文献

[1] [美]安妮特·拉鲁:《不平等的童年》,宋爽、张旭译,北京大学出版社2018年版。

[2] 蔡春美、翁丽芳、洪福财:《亲子关系与亲职教育》,台湾心理出版社2005年版。

[3] 蔡文辉:《婚姻与家庭-家庭社会学》,台湾五南图书出版股份有限公司2005年版。

[4] 陈卫民:《我国家庭政策的发展路径与目标选择》,载《人口研究》2012年第4期。

[5] 陈钟林:《论发展我国的亲职教育》,载《青年研究》2000年第8期。

[6] 程胜利等编著:《瑞典社会工作》,中国社会出版社2013年版。

[7] 戴馨编:《家庭社会工作理论与实务》,台湾新保成出版事业有限公司2013年版。

[8] 邓伟志、徐新:《家庭社会学导论》,上海大学出版社2006年版。

[9] 董金权、姚成:《择偶标准:二十五年的嬗变(1986—2010)——对6612则征婚广告的内容分析》,载《中国青年研究》2011年第2期。

[10] 方晓义、张锦涛、刘钊:《青少年期亲子冲突的特点》,载《心理发展与教育》2003年第3期。

[11] [法]弗朗索瓦·德·桑格利:《当代家庭社会学》,房萱译,天津人民出版社2012年版。

[12] 盖笑松、王海英:《我国亲职教育的发展状况与推进策略》,载《东北师范大学学报(哲学社会科学版)》2006年第6期。

[13] 郝彩虹:《家庭社会工作实务的理论视野》,载《人口与社会》2016年第2期。

[14] 郝彩虹:《基于问题和需求的新婚家庭辅导——来自家庭系统理论的视角》,载《人口与社会》2017年第2期。

[15] 胡湛、彭希哲：《家庭变迁背景下的中国家庭政策》，载《人口研究》2012年第2期。

[16] 黄希庭：《人格心理学》，浙江教育出版社2002年版。

[17] 黄智雄主编：《香港社会工作》，中国社会出版社2013年版。

[18] 姜长云：《关于家庭服务业概念内涵和外延的讨论》，载《经济研究导刊》2010年第60期。

[19] [美]简·尼尔森：《正面管教》，玉冰译，北京联合出版公司2016年版。

[20] 景军主编：《喂养中国小皇帝》，华东师范大学出版社2017年版。

[21] 景云：《家庭结构变迁下家庭教育问题及解决途径》，载《教育评论》2019年第1期。

[22] 阔杨：《社会学和心理学的择偶理论的比较分析》，载《社会心理科学》2008年第6期。

[23] 来文彬：《家事调解：理论与实务》，群众出版社、中国人民公安大学出版社2017年版。

[24] 雷杰、罗观翠、段鹏飞、蔡禾等：《探索·回顾·展望：广州市政府购买家庭综合服务分析研究》，社会科学文献出版社2015年版。

[25] 李红、李辉：《关于家庭教育与亲职教育的实践与思考》，载《学术探索》2001年第3期。

[26] 李竞能：《现代西方人口理论》，复旦大学出版社2004年版。

[27] 李灵：《论家庭治疗在中国的文化适应性——从传统家庭文化的转变看家庭治疗在中国的应用》，载《教育科学》2004年第2期。

[28] 李沂靖：《社区工作》，中国社会出版社2010年版。

[29] 刘梦：《小组工作》，高等教育出版社2013年版。

[30] 刘琼瑛编著：《弱势家庭的处遇：系统取向家庭中心工作方法的运用》，台湾心里出版社2009年版。

[31] 刘爽、商成果：《北京城乡家庭孩子的养育模式及其特点》，载《人口研究》2013年第6期。

[32] 刘秀丽、盖笑松、王海英：《中国儿童的家庭教育环境：问题与对策》，载东北师大学报(哲学社会科学版)2009年第3期。

[33] 刘志红、阮曾媛琪：《系统家庭治疗在中国的适用性分析》，载《甘肃社会科学》2008年第5期。

[34] [美]罗伯特·帕特南：《我们的孩子》，田雷、宋昕译，中国政法大学出

版社 2017 年版。

[35] 罗玲、张昱：《高风险家庭：国际社会工作服务的新领域》，载《华东理工大学学报(社会科学版)》2015 年第 3 期。

[36] 吕宝静主编：《台湾社会与社会工作(第二版)》，台湾巨流图书公司 2011 年版。

[37] 马春花：《变动中的东亚家庭结构比较研究》，载《学术研究》2012 年第 9 期。

[38] 潘淑满：《亲密暴力》，台湾心理出版社 2007 年版。

[39] 潘允康：《婚姻家庭社会学》，北京大学出版社 2018 年版。

[40] 彭怀真：《婚姻与家庭》，台湾巨流图书公司 1996 年版。

[41] 齐晓安：《社会文化变迁对婚姻家庭的影响及趋势》，载《人口学刊》2009 年第 3 期。

[42] 全国妇联儿童工作部：《家庭教育指导与服务参与式培训手册》，中国妇女出版社 2010 年版。

[43] 全国妇联儿童工作部：《全国家庭教育调查报告》，社会科学文献出版社 2011 年版。

[44] [日]三浦展：《阶层是会遗传的》，萧云菁译，现代出版社 2008 年版。

[45] 邵金华编著：《加拿大社会工作》，中国社会出版社 2010 年版。

[46] 沈蓓菲：《台湾地区〈家庭教育法〉的内涵及实务推展模式》，载《教育发展研究》2010 年第 23 期。

[47] 舒跃育、田晶：《略论亲职教育的历史与现状》，载《当代教育与文化》2018 年第 3 期。

[48] 宋丽玉：《婚姻暴力受暴妇女之处遇模式与成效——华人文化与经验》，台湾洪叶文化事业有限公司 2013 年版。

[49] 孙中兴：《爱情社会学》，人民出版社 2017 年版。

[50] 谭丽、于乐峰：《上海市家庭社会工作发展研究》，载《山东女子学院学报》2011 年第 3 期。

[51] 唐灿：《家庭现代化理论及其发展的回顾与评述》，载《社会学研究》2010 年第 3 期。

[52] 唐灿：《中国家庭服务体系显露雏形》，载《中国社会科学报》2017 年 8 月 16 日第 006 版。

[53] 唐利平、黄希庭：《择偶观的进化论取向述评》，载《西南师范大学学报

(人文社会科学版)》2005 年第 3 期。

[54] [加]唐纳德·柯林斯、凯瑟琳·乔登、希瑟·科尔曼：《家庭社会工作(第四版)》，刘梦译，中国人民大学出版社 2017 年版。

[55] 佟新：《对中国城市发展家庭社会工作的思考》，载《山西师大学报(社会科学版)》2009 年第 6 期。

[56] 王丹阳：《近二十年我国家庭教育研究综述》，载《西北成人教育学院学报》2019 年第 2 期。

[57] 王思斌主编：《社会工作导论(第二版)》，北京大学出版社 2011 年版。

[58] 王思斌主编：《社会工作导论》，高等教育出版社 2013 年版。

[59] 王思斌、李洪涛：《社会工作专题讲座第十四讲：家庭社会工作》，载《社会工作(实务版)》2010 年第 2 期。

[60] 王顺民：《生命历程与家庭福利》，台湾洪叶文化事业有限公司 2007 年版。

[61] 王以仁主编：《婚姻与家庭生活的适应》，台湾心理出版社 2007 年版。

[62] 王以仁：《亲职教育：有效的亲子互动与沟通》，台湾心理出版社 2014 年版。

[63] 王晓萍：《社会文化变迁背景下的婚姻与婚前准备教育》，载《江苏社会科学》2010 年第 4 期。

[64] 王云峰、冯维：《亲子关系研究的主要进展》，载《中国特殊教育》2006 年第 7 期。

[65] 王志刚主编：《世界家庭服务业发展比较研究》，中国劳动社会保障出版社 2018 年版。

[66] [美]维琴尼亚·萨提亚：《联合家族治疗》，台湾张老师文化事业有限公司 2017 年版。

[67] 吴帆：《第二次人口转变背景下的中国家庭变迁及政策思考》，载《广东社会科学》2012 年第 2 期。

[68] 吴帆：《社会转型中的家庭变迁及政策理论框架》，载《中国人口报》2012 年 7 月 9 日第 003 版。

[69] 吴亦明：《香港的社会工作及其运行机制》载《社会学研究》2002 年第 1 期。

[70] [法]西蒙·德·波伏娃：《第二性》，郑克鲁译，上海译文出版社 2011 年版。

[71] 谢秀芬：《家庭社会工作：理论与实务》，台湾双叶书廊有限公司 2011 年版。

[72] 谢秀芬：《家庭社会工作》，台湾空中大学 2012 年版。

[73] 谢秀芬、王行等：《家庭支持服务》，台湾空中大学 2008 年版。

[74] 徐安琪、叶文振：《家庭生命周期和夫妻冲突的经验研究》，载《中国人口科学》2002 年第 3 期。

[75] 许莉娅：《个案工作》，高等教育出版社 2013 年版。

[76] 许临高主编：《社会个案工作：理论与实务》，曾丽娟作，台湾五南图书出版有限公司 2010 年版。

[77] 许高临主编：《社会团体工作：理论与实务》，台湾五南出版股份有限公司 2014 年版。

[78] 徐永祥：《社区工作》，高等教育出版社 2004 年版。

[79] 徐震、林万亿：《当代社会工作》，台湾五南图书出版公司 1984 年版。

[80] 徐浙宁：《我国关于儿童早期发展的家庭政策（1980—2008）——从"家庭支持"到"支持家庭"》，载《青年研究》2009 年第 4 期。

[81] 徐振敏：《家庭治疗的女性主义思考》，载《妇女研究论丛》2011 年第 5 期。

[82] 杨菊华、何炤华：《社会转型过程中家庭的变迁与延续》，载《人口研究》2014 年第 2 期。

[83] 杨克著：《美国社会工作》，中国社会出版社 2014 年版。

[84] 杨善华：《家庭社会学》，高等教育出版社 2007 年版。

[85] 杨善华：《30 年乡土中国的家庭变迁》，载《决策与信息》2009 年第 3 期。

[86] 袁光亮：《美国家庭社会工作及其对我国的启示》载《理论月刊》2012 年第 4 期。

[87] [加] 岳云（Howard H. Irving）编著：《家庭调解：适用于华人家庭的理论与实务》，苌英丽、王振福、袁菊花译，中国社会科学出版社 2005 年版。

[88] 詹火生主编：《台湾社会工作》，中国社会出版社 2014 年版。

[89] 赵芳：《结构式家庭治疗的新进展》，载《华东师范大学学报（教育科学版）》2007 年第 2 期。

[90] 赵芳：《家庭社会工作的产生、实质及其发展路径》，载《广东工业大学学报（社会科学版）》2013 年第 3 期。

[91] 张锦涛、方晓义、戴丽琼：《夫妻沟通模式与婚姻质量的关系》，载《心理

发展与教育》2009 年第 2 期。

[92] 张李玺：《角色期望的错位——婚姻冲突与两性关系》，中国社会科学出版社 2006 年版。

[93] 张李玺、刘梦：《中国家庭暴力研究》，中国社会科学出版社 2004 年版。

[94] 张敏杰：《中国的婚姻家庭问题研究：一个世纪的回顾》，载《社会科学研究》2001 年第 3 期。

[95] 张文霞、朱东亮：《家庭社会工作》，社会科学文献出版社 2005 年版。

[96] 张秀琴：《流动儿童的生态系统及人格特征研究》，载《现代教育科学》2014 年第 2 期。

[97] 张亚林、曹玉萍：《家庭暴力现状及干预》，人民卫生出版社 2011 年版。

[98] 曾华源、高迪理主编：《社会工作概论——成为一位改变者》，台湾洪叶文化事业有限公司 2009 年版。

[99] 曾文星：《家庭的关系与家庭治疗》，北京医科大学出版社 2002 年版。

[100] 郑永强编著：《英国社会工作》，中国社会出版社 2010 年版。

[101] 郑永生：《国际婚姻家庭指导师教材（大陆版）》，香港中国教育文化艺术出版社 2005 年版。

[102] [美] 珍妮弗·孔兹：《婚姻 & 家庭：别被幸福绊倒》，王道勇、郧彦辉译，中国人民大学出版社 2013 年版。

[103] 中国法学会反对家庭暴力网络社会性别培训分项目小组：《社会性别与家庭暴力干预培训者手册》，中国社会科学出版社 2008 年版。

[104] 周月清：《婚姻暴力——理论分析与社会工作处置》，台湾巨流图书公司 1996 年版。

[105] 周月清：《家庭社会工作：理论与方法》，台湾五南图书出版公司 2001 年版。

[106] 朱炳祥：《社会人类学》，武汉大学出版社 2012 年版。

[107] 朱东武、齐小玉：《城市社区多机构干预家庭暴力的实践》，中国社会科学出版社 2011 年版。

[108] 朱东武、朱眉华：《家庭社会工作》，高等教育出版社 2011 年版。

[109] 朱强：《家庭社会学》，华中科技大学出版社 2012 年版。

[110] [美] Alison Taylor：《家庭冲突处理：家事调解理论与实务》，杨康临、郑维瑄译，台湾学富文化事业有限公司 2007 年版。

[111] [瑞士] Bijan Ghaznavi：《婚姻咨询与治疗（一）》，胡佩诚、左月侠、王

凤华译，载《中国性科学》2004年第8期。

［112］［瑞士］Bijan Ghaznavi：《婚姻咨询与治疗（二）》，胡佩诚、左月侠、王凤华译，载《中国性科学》2004年第9期。

［113］［瑞士］Bijan Ghaznavi：《婚姻咨询与治疗（三）》，胡佩诚、左月侠、王凤华译，载《中国性科学》2004年第10期。

［114］［瑞士］Bijan Ghaznavi：《婚姻咨询与治疗（四）》，胡佩诚、左月侠、王凤华译，载《中国性科学》2004年第11期。

［115］［美］Boss Pauline：《家庭压力管理》，周月清等译，台湾桂冠图书公司1994年版。

［116］［美］Donald Collins、Catheleen Jordan、Heather Coleman：《家庭社会工作》，魏希圣译，台湾洪叶文化事业有限公司2013年版。

［117］［美］Froma Walsh：《家庭抗逆力》，朱眉华译，华东理工大学出版社2013年版。

［118］［英］Lena Dominelli：《女性主义社会工作——理论与实务》，王瑞鸿等译，华东理工大学出版社2015年版。